数学ロングトレイル
「大学への数学」に挑戦
ベクトル編

山下光雄 著

ブルーバックス

［カバー写真］
杉本博司
観念の形
数学的形体：曲面0012
対角型クレブッシュ曲面，三次曲面上の27本の直線

$x_0 + x_1 + x_2 + x_3 + x_4 = 0$
$x_0^3 + x_1^3 + x_2^3 + x_3^3 + x_4^3 = 0$
$(x_0 : x_1 : x_2 : x_3 : x_4) \in \mathbf{R}P^4$

2004年
ゼラチン・シルバー・プリント

装幀／芦澤泰偉・児崎雅淑
カバー写真／ ©Hiroshi Sugimoto/Courtesy of Gallery Koyanagi
本文図版／さくら工芸社

はじめに

　前著『数学ロングトレイル「大学への数学」に挑戦　じっくり着実に理解を深める』は，長い線路の行く手に広がる「数学の風景」を遠く近くにゆっくり眺め，時に下車して名所を訪ね理解を深める，そういう趣旨で書いたものでした。

　今回のこの"ベクトル編"と，続いて刊行予定の"関数編"は，その景色の中にもう少し足を踏み入れ，読者を「数学トレッキング」にお誘いして，それぞれの山へアタックをかけようという意気込みで書いたものです。最後には急な直登が待ち受けているかも知れませんが，同行ガイドとしてベテランの私がいますから，安心して付いて来てください。

　世に多くの学習参考書が出ていますが，総じて問題集の解答を詳しくしたようなものがほとんどです。問題を細かく分類して，それに「解き方」と称する短いコメントを付して，問題⇒解答を繰り返していくだけの形式になっていて，読者がそこから学び取り，自分の血肉とするのに多大な時間と労力を必要とします。

　この本は，高校数学を一対一の対話形式で解き進めるという体裁で書かれていて，そこには重要事項の意味・解法のコツを直接語り聞かせたいという著者の思いがあります。

　一対一といってもペーパー上のことですから，家庭教師がするように生の人間を相手にし，学力に応じて気配りの行き届いた講義を，というわけにもいきませんので，教科書を一通り学習して基本的な事柄は一応理解したけれども，節末・章末の問題に取りかかると学力不足を感じているというレベルの生徒を想定して，そういう人がどうしたらもう一歩前へ

進むことができるか，どういう点に着眼して問題を解いたらいいかを，対話の形式を借りて丁寧に書いてみたというわけです。

単なる教科書の「練習」や「問い」の問題は解けても，章末問題や入試問題で手こずる理由は何だろうか？　それは，作り手の思い・工夫が込められているからなのでしょう。対話を通してそんな問題作成の裏側・本音……これくらいの囲みをかいくぐって攻略してほしいという作成者の思い……にもそっと触れてみたい。

本書は"ベクトル編"です。私たちの日常語として，また文学作品にも「ベクトル」という言葉が使われている割には，なじみにくい存在であるベクトル——平面（空間）のことは座標とそれによる計算で解析できるのに，なぜわざわざベクトルなのかという声も聞こえてきそうですが，そういう声にも答えられたらと思います。

著者

目 次

はじめに ……………………………………………………………………… 3

第1幕

第1章　ベクトル・初めの一歩 ……………………………………………… 8
第2章　一直線上の3点 …………………………………………………… 27
第3章　ベクトルの内積について ………………………………………… 43
第4章　重心から眺めたベクトルの世界 ………………………………… 61
第5章　ベクトルの内積，再び …………………………………………… 83

Interlude

数の和・差からベクトルの和・差へ …………………………………… 94

第2幕

第6章　直線の方程式と円の方程式 ……………………………………… 104
第7章　点の存在範囲とベクトル ………………………………………… 121
第8章　斜交座標と図形の方程式 ………………………………………… 136
第9章　平行四辺形の面積と行列式 ……………………………………… 152
第10章　空間のベクトル …………………………………………………… 171
第11章　平行六面体の体積と行列式 ……………………………………… 191

演習問題　解答 ……………………………………………………………… 213

あとがき ……………………………………………………………………… 250
さくいん ……………………………………………………………………… 252

数学の階段を1つ登るために
第1幕

第1章
ベクトル・初めの一歩

基礎の基礎

太郎 ベクトルについて，基本的なところから発展的なところまで教えていただけると聞いてやってきました。教科書で一通りは学習していますが，よろしくお願いします。

先生 今日は初めの一歩，初歩からの復習としましょう。

A の位置にあった点が B まで動いたとき，途中の経路を無視して右図のように矢線 ✓ で示したものを有向線分 AB，記号では $\overrightarrow{AB}$ と表し，A を始点，B を終点といいます。

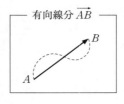
―― 有向線分 $\overrightarrow{AB}$ ――

これに対し**ベクトル**は，有向線分と同じように向きと大きさを持った量ですが，同じ向きと大きさであれば A を始点としなくても等しいと見なすところが，単なる有向線分 $\overrightarrow{AB}$ とは異なります。

たとえば，x 方向の変位が a_1, y 方向の変位が a_2 の右図のような有向線分はすべて同じものと見なし，これらをまとめてベクトルと称し，記号で $\vec{a}$ と書き表します。ベクトル $\overrightarrow{AB}$ と言うこともありますが，

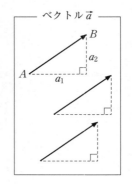
―― ベクトル $\vec{a}$ ――

このときの $\vec{AB}$ は $\vec{a}$ 族を指し示す1つの代表としての呼称なのです。

なお，a_1, a_2 をベクトルの成分といい，これを用いてベクトル $\vec{a}$ を $\vec{a} = (a_1, a_2)$ と表すとき，これを $\vec{a}$ の成分表示といいます。

太郎 有向線分と違って，ベクトルには平行移動が許されているのですね。

2つのベクトルの和 $\vec{a} + \vec{b}$ は，$\vec{a}$ の終点に $\vec{b}$ の始点を重ねるように平行移動して，右図 $\vec{AC}$ によって定義されますが，それは $\vec{a} + \vec{b}$ の1つの代表であるわけですね。

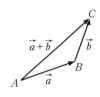

先生 $\vec{a}$, $\vec{b}$ が $\vec{a} = (a_1, a_2)$, $\vec{b} = (b_1, b_2)$ と表されているとき，$\vec{a} + \vec{b}$ をそのまま成分で書くと，$\vec{a} + \vec{b} = (a_1, a_2) + (b_1, b_2)$ ですが，和の結果の成分表示は $\vec{a} + \vec{b} = \vec{AC} = (a_1 + b_1, a_2 + b_2)$ ですから，成分表示されたベクトルの加法は

$(a_1, a_2) + (b_1, b_2)$
$= (a_1 + b_1, a_2 + b_2)$

のようになります。

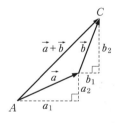

では，差 $\vec{a} - \vec{b}$ はどう表せますか？

太郎 差 $\vec{a} - \vec{b}$ は，$\vec{b} + \vec{x} = \vec{a}$ を満たす $\vec{x}$ のことですから，右図のように $\vec{a}$, $\vec{b}$ の始点を O に重ね，$\vec{b}$ の終点から $\vec{a}$ の終点に引いた有向線分 $\vec{BA}$ で代表されるベクトルです。

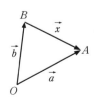

成分での減法も，成分ごとの差となります。

先生 ベクトルを利用して幾何を行うとき，この差はしょっちゅう出て来て重要な役割を果たします。

$\overrightarrow{AB}$ なら
$$\overrightarrow{AB} = \vec{b} - \vec{a}$$
です。

次は，ベクトルの実数倍です。

太郎 ベクトルの k 倍は，図の上ではこのようになっていて，成分では
$$k\vec{a} = k(a_1, a_2) = (ka_1, ka_2)$$
となりますね。

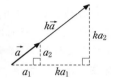

先生 次に，ベクトルの演算の規則を確認してみましょう。

$\vec{a} + \vec{b} = \vec{b} + \vec{a}$ （交換法則）
$\vec{a} + (\vec{b} + \vec{c}) = (\vec{a} + \vec{b}) + \vec{c}$ （結合法則）
$k(\vec{a} + \vec{b}) = k\vec{a} + k\vec{b}$
$(k+l)\vec{a} = k\vec{a} + l\vec{a}$ （分配法則）

太郎 法則というと大げさな感じがしますが，これらは特別な意味をもつのでしょうか？

先生 実際，新しく導入されたベクトルについてはこれらは自明ではないし，これを確かめることはベクトルの「代数化」にとって必要なのですよ。

太郎 ベクトルの代数化ですか？

先生 我々は，ベクトルを普通の数と同じような計算システムの一員として，代数的な仕組みの中に置きたいのです。幾何ベクトルであっても，つねに図形を意識して扱っていたくない。最終的には図形に戻るにしても，その途中は代数的に計算で処理したい。それによって利便性が格段に向上するの

です。それと，ベクトルを向きと大きさを持った矢線として定義していると，平面・空間つまり3次元まででお終いで，これはとても不自由なことなのです。そこで，それ以上の次元にまでベクトルの概念を広げるとき，満たすべき条件としてこれらの代数的・形式的な条件が使われる。そういう意味でも大切なのです。

　ベクトルの考えは17世紀には生まれましたが，本当の意味でベクトルが代数化されたのはさらに内積・外積などの概念が導入された20世紀の初めごろでした。同じ公理系を満たし同じ構造をもつ数学は，見かけは異なっていても同じ数学だとする考え方が生まれたのもこの頃で，一般的な「ベクトル空間」の考えもそういう発想のもとで生まれました。

太郎　代数化はその第一歩……。
先生　まずは初めのエッセンスを抽出しておいたのです。
　ここで1つ練習です。

練習1　正六角形 $ABCDEF$ がある。中心を O とするとき，
(1) $\overrightarrow{AB} = \vec{p}$, $\overrightarrow{AF} = \vec{q}$ とし，$\overrightarrow{CE}$, $\overrightarrow{AC}$ を $\vec{p}$, $\vec{q}$ で表せ。
(2) $\overrightarrow{OA} = \vec{a}$, $\overrightarrow{OB} = \vec{b}$ とし，$\overrightarrow{CE}$, $\overrightarrow{AC}$ を $\vec{a}$, $\vec{b}$ で表せ。

太郎　(1) $\overrightarrow{CE}$ は $\overrightarrow{BF}$ に等しく，$\overrightarrow{BF} = \overrightarrow{AF} - \overrightarrow{AB}$ になるので，$\overrightarrow{CE} = \overrightarrow{BF} = \vec{q} - \vec{p}$ です。
次に $\overrightarrow{AC} = \overrightarrow{AB} + \overrightarrow{BC}$ ですが，$\overrightarrow{BC} = \overrightarrow{AO} = \vec{p} + \vec{q}$ ですから
$$\overrightarrow{AC} = \overrightarrow{AB} + \overrightarrow{BC} = \overrightarrow{AB} + \overrightarrow{AO} = \vec{p} + (\vec{p} + \vec{q})$$
よって，$\overrightarrow{AC} = 2\vec{p} + \vec{q}$ になります。

(2) って，始点を O に切り替えてあらためて考えなさいと言われているようですが……。

先生 (2) は (1) の結果を使って解きましょう。

太郎 なるほど，そういう趣向なのですね。

$\vec{p}, \vec{q}$ を $\vec{a}, \vec{b}$ で表すと，$\vec{p} = \vec{b} - \vec{a}$，$\vec{q} = -\vec{b}$ ですから，(1) の結果にこれらを代入すれば，

$$\vec{CE} = \vec{q} - \vec{p} = -\vec{b} - (\vec{b} - \vec{a}) = \vec{a} - 2\vec{b}$$
$$\vec{AC} = 2\vec{p} + \vec{q} = 2(\vec{b} - \vec{a}) + (-\vec{b}) = \vec{b} - 2\vec{a}$$

となります。

先生 さて，ここに2つのベクトル $\vec{a}, \vec{b}$ があります。

これが平行 $\vec{a} // \vec{b}$ であることは，$\vec{a}, \vec{b}$ が定数 k で $\vec{b} = k\vec{a}$ とイコールにできることと同じです。

$\vec{a}, \vec{b}$ が同じ向きに平行なら $k>0$ で，逆向きに平行なら $k<0$ です。

また，ベクトルは大きさと向きを持っていますが，その大きさは絶対値記号を使って，$|\vec{a}|$ と表します。

ベクトルが成分で $\vec{a} = (a_1, a_2)$ と書かれていれば，

$$|\vec{a}| = \sqrt{a_1^2 + a_2^2}$$

です。なお，大きさ1のベクトルを**単位ベクトル**といい，通常 $\vec{e}$ と書きます。　　　$|\vec{e}| = 1$

練習2 $\vec{a} = (2, \sqrt{5})$ のとき，$\vec{a}$ と同じ向きに平行な単位ベクトルを求めよ。

太郎 $|\vec{a}| = \sqrt{2^2 + \sqrt{5}^2} = 3$ ですから，これを単位ベクトル化すればいい。
それには $\vec{a}$ の長さを1に縮めればいいですから，

$$\vec{e} = \frac{1}{3}\vec{a} = \left(\frac{2}{3}, \frac{\sqrt{5}}{3}\right)$$ です。

先生 一般に，$\vec{a}$ と同じ向きの単位ベクトルは $\vec{e} = \dfrac{1}{|\vec{a}|}\vec{a}$
と表すことができます。自分自身の大きさで割れば，$\vec{a}$ の大きさは1に縮むわけですね。

さて，演習問題です。

例題1 一辺1の正五角形 $ABCDE$ があり，$\vec{AB} = \vec{a}$，$\vec{AE} = \vec{b}$ とするとき，$\vec{CD}$ および $\vec{AC}$ を $\vec{a}$，$\vec{b}$ で表せ。

太郎 正六角形と比べて格段に難しそうですね。

$\vec{CD} \,/\!/\, \vec{BE}$ で $|\vec{CD}| = 1$ だから，$\vec{BE}$ を1に縮めれば $\vec{CD}$ が得られます。そこで，$|\vec{BE}| = \alpha$ とおいて，まず α を求めます。そのために三角形の相似を利

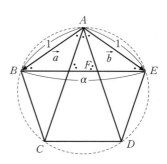

用します。AD と BE の交点を F とすれば，
$\triangle ABE \backsim \triangle FEA$ だから，$AB:BE=FE:EA$ より
$$1:\alpha = FE:1$$
また，$\triangle ABF$ は二等辺三角形ゆえ $BF=1$ より，
$$1:\alpha = (\alpha-1):1 \quad \therefore \alpha^2-\alpha-1=0$$
$\alpha>0$ より $\alpha = \dfrac{1+\sqrt{5}}{2}$

$$\therefore |\overrightarrow{BE}| = \alpha = \dfrac{1+\sqrt{5}}{2}$$

したがって，
$$\overrightarrow{CD} = \dfrac{1}{\alpha}\overrightarrow{BE} = \dfrac{1}{\alpha}(\vec{b}-\vec{a}) = \dfrac{\sqrt{5}-1}{2}(\vec{b}-\vec{a})$$

次に，$\overrightarrow{AC} = \overrightarrow{AB}+\overrightarrow{BC} = \overrightarrow{AB}+\overrightarrow{FD}$ ………①

$AF:FD = \alpha-1:1$ より $\overrightarrow{FD} = \dfrac{1}{\alpha-1}\overrightarrow{AF}$ ………②

$$\overrightarrow{AF} = \overrightarrow{AB}+\overrightarrow{BF} = \overrightarrow{AB}+\overrightarrow{CD}$$
$$= \vec{a}+\dfrac{1}{\alpha}(\vec{b}-\vec{a}) = \dfrac{\alpha-1}{\alpha}\vec{a}+\dfrac{1}{\alpha}\vec{b}$$

② より $\overrightarrow{FD} = \dfrac{1}{\alpha}\vec{a}+\dfrac{1}{\alpha(\alpha-1)}\vec{b}$

$\alpha^2-\alpha-1=0$ より $\alpha(\alpha-1)=1$ だから

$$\overrightarrow{FD} = \dfrac{1}{\alpha}\vec{a}+\vec{b}$$

① より，$\overrightarrow{AC} = \overrightarrow{AB}+\overrightarrow{FD} = \vec{a}+\dfrac{1}{\alpha}\vec{a}+\vec{b}$
$$= \dfrac{\alpha+1}{\alpha}\vec{a}+\vec{b}$$

第1章 ベクトル・初めの一歩

$\alpha + 1 = \alpha^2$ だから

$$= \alpha \vec{a} + \vec{b}$$

よって，$\vec{AC} = \dfrac{1+\sqrt{5}}{2}\vec{a} + \vec{b}$

　意外と面倒でした。もっといいやり方があると嬉しいですけど……。

先生 いやいや，初見でこれだけやれれば立派です。

　実は $\vec{AC} = \vec{AE} + \vec{EC}$ と見れば，$\vec{EC} = \alpha \vec{AB}$ から簡単に得られます。

太郎 なんだ，補助線一発でしたか。

位置ベクトルと点

先生 平面上に一点 O を固定して考えると，平面上の任意の点 P は有向線分で $\vec{OP}$ と書ける。逆に，ベクトル $\vec{p}$ を与えると，$\vec{OP} = \vec{p}$ の終点として点 P が定まるから，平面上の点 P は O からのベクトル $\vec{p}$ と1対1に対応します。この $\vec{p}$ を点 O に関する点 P の位置ベクトルといい，位置ベクトル $\vec{p}$ をもつ点 P を $P(\vec{p})$ と書き表します。

太郎 ベクトル $\vec{p}$ は平面上を平行移動によって自由に動きますから，どこかに始点を固定して繋ぎ止めないと点の位置を表せない。その共通の始点が O ということですね。

先生 座標系の原点と同じ役割を果たすのです。

　さて，平面上に始点 O と4点 $A(\vec{a})$，$B(\vec{b})$，$C(\vec{c})$，$D(\vec{d})$ があって，$\vec{a} + \vec{c} = \vec{b} + \vec{d}$ ………①

が成り立っているとき，この四角形 $ABCD$ は平行四辺形であると結論できるかな。

太郎 ①より $\vec{b} - \vec{a} = \vec{c} - \vec{d}$ ですから，ベクトル $\overrightarrow{AB} = \vec{b} - \vec{a}$ と $\overrightarrow{DC} = \vec{c} - \vec{d}$ が等しいのだから，その向きと大きさは共に等しいということになって，2 辺 AB と DC は平行で長さが等しいといえます。

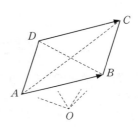

先生 このとき，AC の中点 $\dfrac{\vec{a}+\vec{c}}{2}$ と BD の中点 $\dfrac{\vec{b}+\vec{d}}{2}$ は，条件①よりこれら 2 つのベクトルが等しいことになり，一致するといえ，つまり対角線は互いに他を二等分する……。

太郎 ああ，そういう方向からのアタックもありましたか。

先生 ところで，O は固定された点ですが，この問題を解いているとき O のことは全く意識していませんよね。

太郎 問題を解くとき，いちいち始点からのベクトルとして $\overrightarrow{OA}$，$\overrightarrow{OB}$ などと書く代わりに $\vec{a}$，$\vec{b}$ と書く方が簡潔ですし，その方が楽ですものね。

先生 なぜ楽だと感じるかですが，点 A に付いた記号として $\vec{a}$ と書くことにより，幾何学あるいは図形からいったん抜け出し，それらを意識しないで代数的に処理している，その都合良さによってだと思うのです。

例題 2 平面上のどのような四角形についても，4 辺の中点を結び四角形を作ると平行四辺形になることを示せ。

太郎 実際に四角形を書いて試してみれば，極めて基本的な事柄のように感じます。でも，これを初めに見つけた人はエ

ライ人ですね。

先生 ユークリッドの『原論』にはなくて，1760年にシンプソンが発見したとされています。

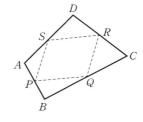

太郎 頂点の位置ベクトルを $A(\vec{a})$, $B(\vec{b})$, $C(\vec{c})$, $D(\vec{d})$ とおき，AB, BC, CD, DA の中点をそれぞれ $P(\vec{p})$, $Q(\vec{q})$, $R(\vec{r})$, $S(\vec{s})$ とすると，

$$\vec{p} = \frac{\vec{a}+\vec{b}}{2},\ \vec{q} = \frac{\vec{b}+\vec{c}}{2},$$

$$\vec{r} = \frac{\vec{c}+\vec{d}}{2},\ \vec{s} = \frac{\vec{d}+\vec{a}}{2}$$

ですから，

$$\overrightarrow{PQ} = \vec{q} - \vec{p} = \frac{\vec{b}+\vec{c}}{2} - \frac{\vec{a}+\vec{b}}{2} = \frac{\vec{c}-\vec{a}}{2}$$

同様に，$\overrightarrow{SR} = \frac{\vec{c}-\vec{a}}{2}$ だから，$\overrightarrow{PQ} = \overrightarrow{SR}$ がいえるので中点四角形 $PQRS$ は平行四辺形です。

初等幾何だと，中点連結定理を使ってやるのでしょうが，こういう単純計算で処理できるのも位置ベクトルの良さってところかな。

先生 この平行四辺形 $PQRS$ の面積は，元の四角形の面積の？

太郎 2分の1です。

先生 さて，平面上の2定点 A, B に対し，始点 O を A, B と異なり，しかも O, A, B が一直線上にない位置に固定し，

$A(\vec{a})$, $B(\vec{b})$ とします。$\vec{a} \neq \vec{0}$, $\vec{b} \neq \vec{0}$ で $\vec{a} \not\parallel \vec{b}$ です。
このように O を固定しておけば，平面上の任意の点 $P(\vec{p})$ は $\vec{a}$, $\vec{b}$ によって

$$\vec{p} = x\vec{a} + y\vec{b}$$

とただ1通りに表されます。

表し方の唯一性とはこういうことです。$\vec{p}$ が別の係数 x', y' によって

$$\vec{p} = x'\vec{a} + y'\vec{b}$$

とも表現されたとすると，
$x\vec{a} + y\vec{b} = x'\vec{a} + y'\vec{b}$ より

$$(x - x')\vec{a} = (y' - y)\vec{b}$$

ここでもし，$x - x' \neq 0$ なら $\vec{a} = \dfrac{y' - y}{x - x'}\vec{b}$ と書けるが，
これは $\vec{a} // \vec{b}$ であることを意味しますから仮定に反します。
よって，$x - x' = 0$ でなければなりませんが，このとき
$(y' - y)\vec{b} = \vec{0}$ なので，$\vec{b} \neq \vec{0}$ より $y' - y = 0$ となり，結局 $x = x'$ かつ $y = y'$ が従います。

よって，1通りにしか書けないのです。

$\vec{a}$, $\vec{b}$ のように $\vec{0}$ でなく，平行でない2つのベクトルを（線型）**独立**であるといいます。

太郎 書き方の一意性が確保できるよう始点 O を選ぶのは，難しいことではありませんね。

先生 そうです。でも，そうしたときの利便性はとてつもなく大きいのです。

$x\vec{a} + y\vec{b} = x'\vec{a} + y'\vec{b}$ のとき，$\vec{a}$, $\vec{b}$ が独立なら両辺の係数を比較して，$x = x'$, $y = y'$ としてよい。

これはベクトルの問題を解くとき,とても大事なことなのです。

線分を分ける点

太郎 線分 AB を $m:n$ の比に分ける公式,内分点と外分点で異なりますよね。

内分の場合 $\dfrac{n\vec{a}+m\vec{b}}{m+n}$,外分の場合 $\dfrac{-n\vec{a}+m\vec{b}}{m-n}$ です。

公式を導くときも別々ですよね。でも,運用する段になると,"外分のときは m, n どちらかを $-$ にすればよい"って言われて「ナンダ」と思うのですが,初めから統一的に取り扱うようにできないのですか。

先生 もちろんできますよ。それこそベクトルらしいといえる方法があるけれど,教科書では行われていませんね。

太郎 どうしてでしょう?

先生 座標平面で,先に分点公式を示してしまうので,解説もそれに合わせた仕方で済ませてしまうのでしょうね。新しく分点の説明をやり直すのは面倒ですし……。

太郎 省エネしてるって?

先生 そういえなくもないね。

向き付けされた線分に対して次のように分点を定義します。

2点 A, B とこの2点を通る直線上に点 P があるとします。このとき有向線分 $\overrightarrow{AB}$ と同じ向きの単位ベクトルを $\vec{e}$ とし,$\overrightarrow{AP}=km\vec{e}$, $\overrightarrow{PB}=kn\vec{e}$ と表せるとき,点 P は線分 AB を $m:n$ の比に分けるといいます。m, n は定数 k の値を調整してなるべく簡約された比の形にしますが,ここでは生の形 ($k=1$) で扱うことにします。

P が右図のように線分 AB の内部にあるときは，点 P は線分 AB を $m:n$ の比に内分するといいます。

この場合，$\vec{e}$ の向きと合わせて $m>0$, $n>0$ とします。

(1)

$$\underset{A\quad m\vec{e}\quad P\quad n\vec{e}\quad B}{\xrightarrow{\vec{e}}}$$

($m>0, n>0$)

下図 (2) の場合は，$\vec{e}$ の向きと合わせて $m>0$, $n<0$ とし，図 (3) の場合は $m<0$, $n>0$ としますが，一般にこれを点 P は線分 AB を $|m|:|n|$ の比に外分するといいます。

(2)

$$\underset{A\quad m\vec{e}\quad B\quad\quad P}{\xrightarrow{\vec{e}}\ \ \xleftarrow{n\vec{e}}}$$

($m>0, n<0$)

(3)

$$\underset{P\quad A\quad n\vec{e}\quad\quad B}{\xleftarrow{m\vec{e}}\ \xrightarrow{\vec{e}}}$$

($m<0, n>0$)

ここで，A, B の位置ベクトルをそれぞれ $\vec{a}$, $\vec{b}$ とし，線分 AB を $m:n$ の比に分ける点 P の位置ベクトル $\vec{p}$ を $\vec{a}$, $\vec{b}$ で表してみましょう。

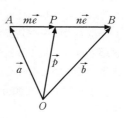

$\vec{AB} = m\vec{e} + n\vec{e} = (m+n)\vec{e}$ ですから

$\vec{e} = \dfrac{1}{m+n}\vec{AB}$ に注意して，

$$\vec{OP} = \vec{OA} + \vec{AP} = \vec{a} + m\vec{e}$$
$$= \vec{a} + \dfrac{m}{m+n}\vec{AB}$$

$$= \vec{a} + \frac{m}{m+n}(\vec{b} - \vec{a})$$

これを計算して，$\vec{p} = \dfrac{n\vec{a} + m\vec{b}}{m+n}$ が得られます。

太郎 このやり方だと，(2), (3) の外分の場合も，計算式を変更することなく同じ式を得ることができますものね。

これで，分点公式がかなりすっきりしますね。

線分 BA を $m:n$ に……という場合には，$\vec{BA}$ の向きを $\vec{e}$ の正の向きとして，分点 $P(\vec{p})$ は $\vec{p} = \dfrac{n\vec{b} + m\vec{a}}{m+n}$ ですね。

先生 その通りです。

なお，$\vec{AP} = km\vec{e}$，$\vec{PB} = kn\vec{e}$ の k を $m+n=1$ になるようにうまく選ぶと，分点公式は $\vec{p} = n\vec{a} + m\vec{b}$ とすっきりした姿になり，これを正規形といいます。普通 m, n は，なるべく簡単な整数値にしますが，ある種の問題を解く際に正規形を選ぶことは計算量を減らすのに一役買ってくれます。

練習3 平面上の2点 A, B に対し，線分 A, B を $2:1$ の比に内分および外分する点を，それぞれ P, Q とする。始点 O を定め，$A(\vec{a}), B(\vec{b}), P(\vec{p}), Q(\vec{q})$ とおくとき，(1) $\vec{p}, \vec{q}$ を $\vec{a}, \vec{b}$ で表せ。(2) $\vec{a}, \vec{b}$ を $\vec{p}, \vec{q}$ で表せ。

太郎 (1) $\vec{p}$ は公式で $m=2, n=1$ として

$$\vec{p} = \frac{1\vec{a} + 2\vec{b}}{2+1} = \frac{\vec{a} + 2\vec{b}}{3}$$

$\vec{q}$ は公式で $m=2, n=-1$ として

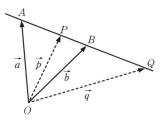

$$\vec{q} = \frac{-1\vec{a}+2\vec{b}}{2-1}$$
$$= -\vec{a}+2\vec{b}$$

(2) (1)の結果から
$$\vec{a}+2\vec{b}=3\vec{p} \quad \cdots\cdots\cdots ①$$
$$-\vec{a}+2\vec{b}=\vec{q} \quad \cdots\cdots\cdots ②$$
これを $\vec{a}=\cdots$, $\vec{b}=\cdots$ の形に書き換えます。

①-②から $2\vec{a}=3\vec{p}-\vec{q}$ $\quad\therefore \vec{a}=\dfrac{3\vec{p}-\vec{q}}{2}$

①+②から $4\vec{b}=3\vec{p}+\vec{q}$ $\quad\therefore \vec{b}=\dfrac{3\vec{p}+\vec{q}}{4}$

点 A は線分 PQ を $-1:3$ すなわち $1:3$ に外分する点で, 点 B は線分 PQ を $1:3$ に内分する点ですね。図からも直接わかりますが……。

先生 線分 AB を同じ比に内分および外分する点をそれぞれ P, Q とするとき, P, Q は線分 AB を**調和に分ける**といいます。P, Q が AB を調和に分けるなら, A, B も PQ を調和に分ける。今やった問題はそのことの例示となっているのです。A, B; P, Q を調和点列といいます。

太郎 調和点列の具体例を教えてください。

先生 例えば, 下左図は $\triangle ABC$ の内角および外角の2等分

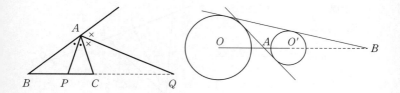

線で,P, Q は辺 BC を調和に分けています。前ページ下右図は2円 O, O' の中心線と,共通内接線,共通外接線との交点がそれぞれ A, B で,A, B は OO' を調和に分けています。

太郎 こういう図は見たことありましたが,そういう用語があるとは知りませんでした。

先生 現象に着目して,それらをくくって意味化するところに言葉が生じるのだが,多くの例を注意深く眺める感性も必要とされるところですね。

始点 O の取り方について

先生 最後に,位置ベクトルの始点 O の取り方について注意しておきましょう。

始点 O は座標の原点と同じようなものですので動かしたりはしませんが,たとえば始点を O から O' に取り替えたらどうなるかな?

太郎 始点が O' であっても,A, B を $A(\vec{a})$, $B(\vec{b})$ とすれば,A, B の中点 M は $\dfrac{\vec{a}+\vec{b}}{2}$ です。

だから私たちは始点のことを意識しないでいられるのですよね。

先生 右図で,始点 O に対し P は $2\vec{a}+\vec{b}$ の指し示す点ですが,始点 O' に対して $2\vec{a}+\vec{b}$ は図の P' であって,異なる点です。

では,今の例で点 P は始点 O' から見ると,$\vec{a}$, $\vec{b}$ でどの

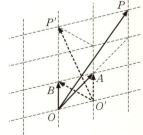

ように表せるかな？

ただし，$A(\vec{a})$, $B(\vec{b})$ とおいての話ですが……。

太郎 えーと，$\vec{p} = 4\vec{a} - \vec{b}$ です。

ということは，始点を O から O' へ取り替えたとき，同じ式が同じ点を表すとは限らないのですね。

先生 点 P がある始点 O と $A(\vec{a})$, $B(\vec{b})$ によって，$2\vec{a} + \vec{b}$ と書けているとします。このとき $\vec{a}, \vec{b}$ が独立なら，始点さえ動かさなければ，この書かれ方は1通りなので点 P を確定できます。ただ，この場合その書き表し方は始点ごとに変わるので，始点の存在を完全に意識の外に追いやるわけにはいかないのです。

そうすると，位置ベクトルであっても，始点依存性のない表現をもつ存在はないのか，どういう条件があればそういうことが可能なのかを考えてみたくなりませんか。

太郎 ええ，そうですね。

先生 厳密に言うと，始点を O に設定したときと O' に据えたときとでは $\overrightarrow{OA} = \vec{a}$, $\overrightarrow{O'A} = \vec{a}'$ であり，決して同じではありません。始点を O に設定したときを $A(\vec{a})$, $B(\vec{b})$ とし，始点を O' に取ったときを $A(\vec{a}')$, $B(\vec{b}')$ として，同じ点 P が O に関し $\vec{p} = x\vec{a} + y\vec{b}$ ………①，
O' に関し $\vec{p}' = x\vec{a}' + y\vec{b}'$ ………②
と同じ係数 x, y でもって表されているとします。

今，$\overrightarrow{OO'} = \vec{q}$ とすると，
$\vec{a} = \vec{q} + \vec{a}'$, $\vec{b} = \vec{q} + \vec{b}'$,
$\vec{p} = \vec{q} + \vec{p}'$
だから，①は $\vec{q} + \vec{p}' = x(\vec{q} + \vec{a}') + y(\vec{q} + \vec{b}')$ と書けて

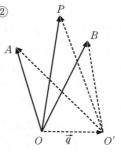

第1章　ベクトル・初めの一歩

$$\vec{p}\,' = (x+y-1)\vec{q} + x\vec{a}\,' + y\vec{b}\,'$$

ですが，$\vec{p}\,'$ は②という表現をもつのだから $x+y-1=0$
すなわち $x+y=1$ でなければなりません。
つまり，$x+y=1$ が異なる始点 O と O' に関し同じ表現をもつための条件ということになります。

　君が挙げた A, B の中点 $\vec{p} = \dfrac{\vec{a}+\vec{b}}{2}$ は $\vec{p} = \dfrac{1}{2}\vec{a} + \dfrac{1}{2}\vec{b}$ において，係数の和 $x+y = \dfrac{1}{2}+\dfrac{1}{2} = 1$ なので，たとえ始点を O' に移しても $\vec{p}\,' = \dfrac{1}{2}\vec{a}\,' + \dfrac{1}{2}\vec{b}\,'$ と同じ係数で書けたのです。

これが "AB の中点は $\dfrac{\vec{a}+\vec{b}}{2}$" を公式とする所以です。

太郎　分点公式 $\vec{p} = \dfrac{n\vec{a}+m\vec{b}}{m+n}$ は $\vec{a}$, $\vec{b}$ の係数の和が常に

$x+y = \dfrac{n}{m+n} + \dfrac{m}{m+n} = 1$ であり，始点の取り方によらないので安心なのですね。

先生　そうです。我々は AB を $m:n$ に内分する点 P が
$\overrightarrow{OP} = \dfrac{n\vec{a}+m\vec{b}}{m+n}$ であるか $\overrightarrow{O'P} = \dfrac{n\vec{a}\,'+m\vec{b}\,'}{m+n}$ であるかの違いよりも，係数 m, n の同一性によってこれらは同じものだと感じることができ，これによって始点を意識しないで済ませることができるのです。

　このような，"位置ベクトルでありながらも始点に依存しない" 性質をもつ分点公式だが，この公式を縦横無尽に運用できるようになれば，あなたのベクトル力はもう1段階 UP すること間違いないでしょう。あと少しです。

演習問題

1. $m > n$ のとき,線分 AB を $m:n$ に内分する点を P,同じ比に外分する点を Q とすると,B は PQ を $m-n:m+n$ に内分し,A は PQ を同じ比に外分することを示せ。

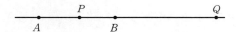

2. 点 O を中心とする 1 辺 2 の正五角形 $ABCDE$ を考え,$\overrightarrow{OA} = \vec{a}$,$\overrightarrow{OC} = \vec{c}$ とおく。
このとき,次の問いに答えよ。

(1) 対角線 AC と BE の交点を F とするとき,ベクトル $\overrightarrow{OF}$ を $\vec{a}$,$\vec{c}$ を用いて表せ。

(2) ベクトル $\overrightarrow{OB}$,$\overrightarrow{OD}$ を $\vec{a}$,$\vec{c}$ を用いて表せ。

[ヒント] 二等辺三角形 CBF, EFA, EBC の合同・相似に注目せよ。

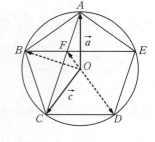

※解答はP213〜215です。

第2章
一直線上の3点

先生 点 P が直線 AB 上にあるための条件をベクトルで表すと，
"$\overrightarrow{AP} = k\overrightarrow{AB}$ となる実数 k がある"
です。

太郎 $\overrightarrow{AB}$ と $\overrightarrow{CP}$ が平行で，$A = C$ の場合と考えると，ベクトルの平行条件と同じですね。上図の場合は，$k > 1$ だし，$0 < k < 1$ なら，P は2点 A, B の間にある。

先生 さっそくですが，こんな教科書レベルの問題でスタートしよう。

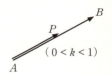

例題1 △ABC において，辺 AB を $1:2$ に内分する点を D，辺 BC を $4:1$ に内分する点を E とし，線分 CD を $3:4$ に内分する点を F とする。3点 A, F, E は一直線上にあることを証明し，$AF:FE$ を求めよ。

太郎 $\overrightarrow{AE} = k\overrightarrow{AF}$ であることを示すのを目標にします。
$\overrightarrow{AB} = \vec{b}$, $\overrightarrow{AC} = \vec{c}$ とし，まず $\overrightarrow{AE}$, $\overrightarrow{AF}$ を $\vec{b}$, $\vec{c}$ によって表します。

E は線分 BC を $4:1$ に内分

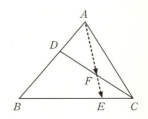

27

する点だから,

$$\vec{AE} = \frac{\vec{AB}+4\vec{AC}}{4+1} = \frac{\vec{b}+4\vec{c}}{5}$$

また, F は線分 CD を $3:4$ に内分するから

$$\vec{AF} = \frac{4\vec{AC}+3\vec{AD}}{3+4} = \frac{4\vec{c}+3\cdot\frac{1}{3}\vec{b}}{7} = \frac{\vec{b}+4\vec{c}}{7}$$

これらから, $5\vec{AE} = 7\vec{AF}$ $\quad \therefore \vec{AE} = \frac{7}{5}\vec{AF}$
よって, 3点 A, F, E は一直線上にあり, $AF:FE=5:2$
となります。

先生 A, B, P が一直線上にあることを, $\vec{AP}=k\vec{AB}$ と表すことは, 下図左のように, A に視点を据えて点たちを見ることに相当します。

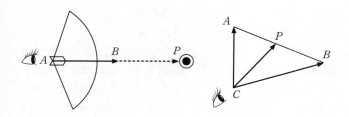

これに対し, 上図右のように直線 APB から離れた位置 C に視点を置いて3点 A, P, B を眺めた場合は, $\vec{CP}$ が

$$\vec{CP} = \frac{n\vec{CA}+m\vec{CB}}{m+n}$$

のように書けることを示せれば, A, P, B が一直線上にあることが言えます。

ここでは, "分子の係数の和 $n+m$ が分母の値に等しい"

かどうかがポイントになります。

太郎 つまり，P がちょうど AB の分点になっていることを示せればいいということですね。

先生 その通りだよ。では，今の問題を頂点 C に視点を置いて解こうとすると，どのように解答を進めたらいいかな？

太郎 $\vec{CF}$ が $\vec{CA}$ と $\vec{CE}$ で，$\vec{CF} = \dfrac{n\vec{CA} + m\vec{CE}}{m+n}$

と書けることが目標です。

C を位置ベクトルの始点とすると，D は辺 AB を $1:2$ に内分するから，

$$\vec{CD} = \frac{2 \cdot \vec{CA} + 1 \cdot \vec{CB}}{1+2} = \frac{2\vec{CA} + \vec{CB}}{3}$$

F は線分 CD を $3:4$ に内分するから，

$$\vec{CF} = \frac{3}{7}\vec{CD}$$

よって，

$$\vec{CF} = \frac{3}{7} \cdot \frac{2\vec{CA} + \vec{CB}}{3}$$

$$= \frac{2\vec{CA} + \vec{CB}}{7} \quad \cdots\cdots\cdots ①$$

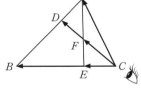

ここで，$\vec{CB} = 5\vec{CE}$ だから，①式の $\vec{CB}$ をこれで置き換えると，$\vec{CF} = \dfrac{2\vec{CA} + 5\vec{CE}}{7}$

これにより，F は直線 AE 上にあり，$AF:FE = 5:2$ であることが導けました。

先生 続いて，次の問題です。

例題 2 点 P が $\triangle ABC$ に対し，$\overrightarrow{CP} = \dfrac{1}{2}\overrightarrow{CA} + \dfrac{1}{4}\overrightarrow{CB}$ を満たし，CP の延長が辺 AB と交わる点を Q とするとき，

(1) $\overrightarrow{CQ}$ を $\overrightarrow{CA}$，$\overrightarrow{CB}$ で表せ。
(2) $CP:PQ$ および $AQ:QB$ を求めよ。
(3) BP の延長が辺 CA と交わる点 R に対し，$CR:RA$ を求めよ。

位置ベクトルの始点を C に選びましょう。C から一直線上にある A, Q, B および R, P, B を見ると，"分子の係数の和 = 分母"となっているはずです。

太郎 (1) $\overrightarrow{CQ} = k\overrightarrow{CP}$ とおくと，

$$\overrightarrow{CQ} = k\left(\dfrac{1}{2}\overrightarrow{CA} + \dfrac{1}{4}\overrightarrow{CB}\right)$$

$$= \dfrac{2k\overrightarrow{CA} + k\overrightarrow{CB}}{4}$$

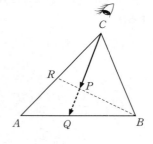

A, Q, B が一直線上にあることから，$2k + k = 4$
よって，$3k = 4$ より $k = \dfrac{4}{3}$

したがって，$\overrightarrow{CQ} = \dfrac{4}{3}\left(\dfrac{1}{2}\overrightarrow{CA} + \dfrac{1}{4}\overrightarrow{CB}\right) = \dfrac{2}{3}\overrightarrow{CA} + \dfrac{1}{3}\overrightarrow{CB}$

(2) 上の結果より $CP:PQ = 3:1$

また，$\overrightarrow{CQ} = \dfrac{2\overrightarrow{CA} + \overrightarrow{CB}}{3}$

だから $AQ:QB = 1:2$

(3) $\overrightarrow{CA} = t\overrightarrow{CR}$ とおくと，$\overrightarrow{CP}$ は

$$\vec{CP} = \frac{1}{2}\vec{CA} + \frac{1}{4}\vec{CB} = \frac{2t\vec{CR}+\vec{CB}}{4}$$

と書ける。R, P, B が一直線上にあることから,

$$2t+1 = 4 \quad \therefore t = \frac{3}{2}$$

よって, $\vec{CA} = \frac{3}{2}\vec{CR}$ だから,

$$CR : RA = 2 : 1$$

先生 (1) の場合, $\vec{CP} = \frac{2\vec{CA}+\vec{CB}}{4} = \frac{3}{4} \cdot \frac{2\vec{CA}+\vec{CB}}{3}$

と書き直し, $\vec{CD} = \frac{2\vec{CA}+\vec{CB}}{3}$ と置くと, D は AB 上にあります。ですから, これが $Q(Q=D)$ であり, AB を $1:2$ に内分することが分かります。すると, $\vec{CP} = \frac{3}{4}\vec{CQ}$ と書けることになり, $CP:PQ=3:1$ が求められます。

慣れてきたら, このように解答してもよいでしょう。

太郎 分点公式って, 使い道が広いですね。

先生 そうなのです。"$A(\vec{a}), B(\vec{b})$ のとき, 線分 AB を $3:2$ に内分する点 P の位置ベクトルを求めよ"というような教科書の練習問題ができたといって, 分点公式が理解できたと思うのは早計です。それだけでは大いに不足なのです。

例えば, $\vec{OP} = \frac{1}{3}(2\vec{OA} + \vec{OB})$ という式があったとき, 右図のように $2\vec{OA} + \vec{OB}$ の終点の指し示す点 C を求め, $\vec{OC}$ を 3 分の 1 にした点が P だという認識は基本であるけれど,

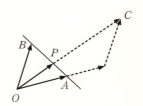

同じ式を $\overrightarrow{OP} = \dfrac{2\overrightarrow{OA} + \overrightarrow{OB}}{1+2}$ のように見立て，点 P は A, B を通る直線上にあり，しかも AB を $1:2$ の比に内分する点であると見なすことにより，点 P の位置情報がもう一つ確かなものになるわけです。このように，分点公式を逆に使用することにより点の位置を求めることができてこそ，数学力はもう一つアップするでしょう。

太郎 ベクトル式を，分点公式を通して解釈するのですね。

先生 $\overrightarrow{OP} = \dfrac{n\overrightarrow{OA} + m\overrightarrow{OB}}{m+n}$ ………① という式は，

$m>0, n>0$ なら点 P は線分 AB を $m:n$ に内分することを示しますが（下左図），$\overrightarrow{AB}$ と同じ向きに進むのを正とする

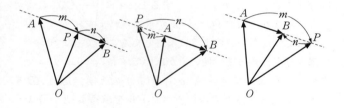

とき，$m<0, n>0$ なら P は中央の図のように外分し，$m>0, n<0$ なら右の図のように外分することを示しています。

ここで，比 $m:n$ は $km:kn = m:n$ のように簡約できるので，特に $m+n=1$ となるように m, n をとると，①式の右辺の分母は 1 ですから $\overrightarrow{OP} = n\overrightarrow{OA} + m\overrightarrow{OB}$ のように式がすっきりします。これを，式の**正規化**（normalization）といいます。

では，$\overrightarrow{OP}$ が $\overrightarrow{OP} = s\overrightarrow{OA} + t\overrightarrow{OB}\ (s+t=1)$ ……②
というように書かれているならどうなりますか？

太郎 点 P は直線 AB 上にあり、線分 AB を $t:s$ の比に分ける点であることが分かります。

先生 "係数の和 $=1(s+t=1)$" は，3点が一直線上にあるための条件として普通に使われますから覚えておいてください。①式を $\overrightarrow{OP} = \dfrac{n}{m+n}\overrightarrow{OA} + \dfrac{m}{m+n}\overrightarrow{OB}$ と書き換えて，$\dfrac{n}{m+n}=s$, $\dfrac{m}{m+n}=t$ と置いたものと見なすこともできます。$s+t=1$ となっていることを確認しておいてください。

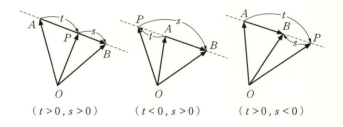

($t>0, s>0$)　　($t<0, s>0$)　　($t>0, s<0$)

上図で，左は $t>0$, $s>0$，中央は $t<0$, $s>0$，右は $t>0$, $s<0$ である場合の位置です。ここで，$s=1-t$ だから，②式から s を消去すると，
$$\overrightarrow{OP} = (1-t)\overrightarrow{OA} + t\overrightarrow{OB} \quad \cdots\cdots③$$
のようにも書けます。これは，AB を1とした場合に，P が線分 AB を $t:1-t$ に分ける点であるということを表しています。

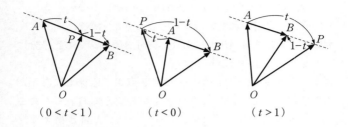

($0 < t < 1$)   ($t < 0$)   ($t > 1$)

上の左の内分の図では，$t>0$, $s=1-t>0$ より $0<t<1$，中央の図では，$t<0$, $s=1-t>0$ より $t<0$ で，右の図では，$t>0$, $s=1-t<0$ より $t>1$ の場合ということになるわけです。

2直線の交点の位置ベクトルを求めるときには，③のようにして変数を減らした方程式を立てるようにします。

実例で見てみましょう。

交点の位置ベクトル

例題 3 △ABC において，辺 CA を 2：1 に内分する点を D，辺 CB の中点を M とし，線分 AM と BD の交点を P とする。
$\vec{CA} = \vec{a}$, $\vec{CB} = \vec{b}$ とするとき，
(1) $\vec{CP}$ を $\vec{a}$, $\vec{b}$ を用いて表せ。
(2) CP の延長が辺 AB と交わる点を Q とするとき，
$CP : PQ$ および $AQ : QB$ を求めよ。

標準的な解答を示しておきます。

解) (1) $AP:PM = s:1-s$
とおくと
$$\vec{CP} = (1-s)\vec{CA} + s\vec{CM}$$
$$= (1-s)\vec{a} + \frac{1}{2}s\vec{b}$$
………①

$BP:PD = t:1-t$ とおくと
$$\vec{CP} = (1-t)\vec{CB} + t\vec{CD}$$
$$= (1-t)\vec{b} + \frac{2}{3}t\vec{a}$$
………②

①,②から $(1-s)\vec{a} + \frac{1}{2}s\vec{b} = \frac{2}{3}t\vec{a} + (1-t)\vec{b}$

ここで,<u>$\vec{a} \neq \vec{0}$, $\vec{b} \neq \vec{0}$ で $\vec{a}$, $\vec{b}$ は平行でない</u>から (*)

$$1-s = \frac{2}{3}t,\ \frac{1}{2}s = 1-t$$

この連立方程式を解いて $s = \frac{1}{2},\ t = \frac{3}{4}$

$s = \frac{1}{2}$ を①に代入して $\vec{CP} = \frac{1}{2}\vec{a} + \frac{1}{4}\vec{b}$

太郎「$\vec{a} \neq \vec{0}$, $\vec{b} \neq \vec{0}$ で $\vec{a}$, $\vec{b}$ は平行でない」から(*)になってよいのですか?

先生 $x\vec{a} + y\vec{b} = x'\vec{a} + y'\vec{b}$ のとき,$\vec{a}$, $\vec{b}$ が独立なら両辺の係数を比較して,$x = x'$, $y = y'$ としてよいのです。$\vec{a} \neq \vec{0}$, $\vec{b} \neq \vec{0}$ かつ $\vec{a}$, $\vec{b}$ が平行でないとき,2つのベクトルは**独立**といいましたね。このベクトルの独立性を問題に実際に適用するときの典型例ですから,記述の仕方も含めしっかり学んでください。

太郎 はい,わかりました。

先生 2つの独立なベクトル $\vec{a}$, $\vec{b}$ があると,平面上のどんなベクトル $\vec{p}$ でも $\vec{p}=x\vec{a}+y\vec{b}$ の形に書くことができ,その係数 x, y は $\vec{a}$, $\vec{b}$ の独立性から1通りに決まります。この表現の唯一性は,右図で P を通る $\vec{a}$, $\vec{b}$ のそれぞれに平

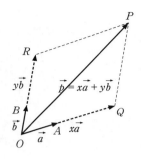

行な直線によって Q, R が1つずつ定まって,実数 x, y が決まることと同じです。

太郎 独立性の根底には平行線の公理があるのですね。

(2)は,わりと簡単に解けそうです。

C, P, Q は一直線上にあるから $\vec{CQ}=k\vec{CP}$ のように書けて,

$$\vec{CQ}=k\left(\frac{1}{2}\vec{a}+\frac{1}{4}\vec{b}\right)=\frac{k}{2}\vec{CA}+\frac{k}{4}\vec{CB}$$

また,A, Q, B は一直線上にあるから,この式の"係数の和=1"より $\quad \dfrac{k}{2}+\dfrac{k}{4}=1 \quad \therefore k=\dfrac{4}{3}$

このとき $\quad \vec{CQ}=\dfrac{2\vec{CA}+\vec{CB}}{3}$

よって $CP:PQ=3:1$, $AQ:QB=1:2$ です。

先生 (2)は,前にも出てきたように,$\vec{CP}$ を $\vec{CP}=\dfrac{3}{4}\cdot\dfrac{2\vec{CA}+\vec{CB}}{3}$ のように変形すると,$\dfrac{2\vec{CA}+\vec{CB}}{3}=\vec{CQ}$ であることが分かることから,$\vec{CP}=\dfrac{3}{4}\vec{CQ}$ と書けます。ここから

$CP:PQ=3:1$, $AQ:QB=1:2$

とする解答をしてもよいですね。

第 2 章 一直線上の 3 点

例題 4 △OAB において∠AOB の 2 等分線を l とし，$\overrightarrow{OA} = \vec{a}$，$\overrightarrow{OB} = \vec{b}$ とおくとき，次が成り立つことを示せ。

(1) l 上の点 P は，

$$\overrightarrow{OP} = k\left(\frac{1}{|\vec{a}|}\vec{a} + \frac{1}{|\vec{b}|}\vec{b}\right) \quad (k \text{ は実数}) \text{ と書ける。}$$

(2) l と辺 AB との交点 D は，AB を $OA:OB$ の比に内分し，逆に AB を $OA:OB$ の比に内分する点 D は l 上にある。

太郎 (1) $\overrightarrow{OA'} = \dfrac{1}{|\vec{a}|}\vec{a}$，$\overrightarrow{OB'} = \dfrac{1}{|\vec{b}|}\vec{b}$

とすると，$|\overrightarrow{OA'}| = 1$，$|\overrightarrow{OB'}| = 1$ だから，
$\overrightarrow{OC} = \overrightarrow{OA'} + \overrightarrow{OB'}$ とおくと，
四角形 $OA'CB'$ はひし形となる。

よって，直線 OC は∠$A'OB'$ の 2 等分線，すなわち∠AOB の 2 等分線 l です。

点 P は直線 OC 上にあるから，実数 k があって
$\overrightarrow{OP} = k\overrightarrow{OC}$ と書けるから，

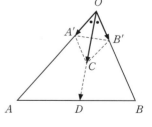

$$\overrightarrow{OP} = k(\overrightarrow{OA'} + \overrightarrow{OB'}) = k\left(\frac{1}{|\vec{a}|}\vec{a} + \frac{1}{|\vec{b}|}\vec{b}\right)$$

と表せる。

(2) は角の 2 等分線についての有名事実をベクトルによって証明しろというのですね。(1) の結果から $\overrightarrow{OD}$ は，実数 k

によって $\vec{OD} = k\left(\dfrac{1}{|\vec{a}|}\vec{a} + \dfrac{1}{|\vec{b}|}\vec{b}\right)$

D は AB 上の点だから, $\dfrac{k}{|\vec{a}|} + \dfrac{k}{|\vec{b}|} = 1$

よって, $k = \dfrac{|\vec{a}||\vec{b}|}{|\vec{a}|+|\vec{b}|}$

したがって, $\vec{OD} = \dfrac{|\vec{b}|}{|\vec{a}|+|\vec{b}|}\vec{a} + \dfrac{|\vec{a}|}{|\vec{a}|+|\vec{b}|}\vec{b} = \dfrac{|\vec{b}|\vec{a}+|\vec{a}|\vec{b}}{|\vec{a}|+|\vec{b}|}$

これは,点 D が線分 AB を $|\vec{a}|:|\vec{b}|=OA:OB$ に内分することを示し,また,以上の式変形を逆にたどっていくことで,逆の成り立つことも示せます。

先生 $\vec{OP}$ が角の2等分線上を動いていって,ちょうど D に行き着いたときの k の値が

$$k = \dfrac{|\vec{a}||\vec{b}|}{|\vec{a}|+|\vec{b}|}$$

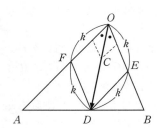

であるわけですが,OA, OB に平行線 DE, DF を引くと,
四角形 $OFDE$ はひし形で $\triangle FAD \backsim \triangle EDB$ だから,
辺の比 $|\vec{a}|-k:k=k:|\vec{b}|-k$ を得て,この比例式から k の値を求めることもできます。

なお,(2)は同じ図における三角形の相似から

$AD:DB=FD:EB=ED:EB=OA:OB$

と直接示すこともできます。

太郎 分点公式はいろいろな装いで現れるので,一度聞いただけで全て理解するのはなかなか大変です。きっちり分かるまで,時間がかかりそうです。

先生 何度も練習して,しっかり自分のものにしてください。

初めに挙げた,3点 A, B, P が一直線上にある条件
$$\vec{AP} = k\vec{AB}$$
という式自体,一種の分点公式なのです。$0<k<1$ なら下左図の点 P は線分 AB を内分する位置にあり,$k<0$ なら中央の図のように AB を外分し,$k>1$ なら右図のように AB を外分します。

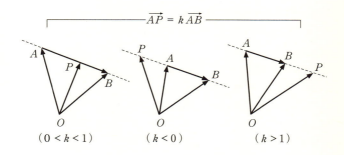

これを一般の位置 O に視点を定め,そこから眺めると
$\vec{AP} = k\vec{AB}$ は $\vec{OP} - \vec{OA} = k(\vec{OB} - \vec{OA})$,すなわち
$$\vec{OP} = (1-k)\vec{OA} + k\vec{OB}$$
となって,線分 AB を $k:1-k$ に分ける点が P であると読み取ることができます。

このように,分点公式を自在に操れたら,ベクトルは半分マスターできたことになります。

太郎 あとの半分は？

先生 内積を極めることです。ベクトルの内積は，三角形の余弦定理の代わりとされるものですが，それに留まらず広い用途をもつのです。

演習問題

1. $\triangle ABC$ の辺 AB を $1:2$ に内分する点を D，AC の中点を E とし，DE の中点を M とする。また，点 P が
$$\vec{AP} = (1-t)\vec{AB} + t\vec{AC}$$
を満たすとする。
A, M, P が一直線上にあるとき，t の値を求めよ。

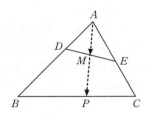

2. $\triangle OAB$ において，辺 OA を $2:1$ に内分する点を L，辺 OB を $2:3$ に内分する点を M，辺 AB の中点を N とする。線分 LM と線分 ON との交点を P とするとき，$\vec{OP}$ を $\vec{OA} = \vec{a}$ と $\vec{OB} = \vec{b}$ を用いて表せ。

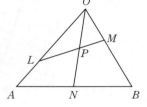

3. $\triangle OAB$ の内部に点 P があり，直線 AP と辺 OB の交点 Q は，辺 OB を $3:2$ に内分し，直線 BP と辺

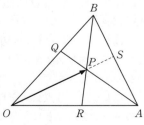

OA の交点 R は,辺 OA を $4:3$ に内分する。
このとき,$\overrightarrow{OP}$ を $\overrightarrow{OA}$ と $\overrightarrow{OB}$ で表せ。また,直線 OP と辺 AB の交点を S とするとき,$OP:PS$ を求めよ。

4. $\triangle OAB$ に対し,P, Q を
$$\overrightarrow{OP} = s\overrightarrow{OA}, \quad \overrightarrow{OQ} = t\overrightarrow{OB}$$
を満たす点とし,線分 BP と AQ の交点を R とする。
$$\overrightarrow{OR} = \frac{1}{2}\overrightarrow{OA} + \frac{1}{4}\overrightarrow{OB}$$
であるとき,s, t を求めよ。

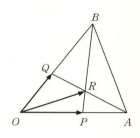

5. 正五角形 $ABCDE$ において,$\overrightarrow{AB} = \vec{a}$, $\overrightarrow{AE} = \vec{b}$ とおく。このとき,辺と対角線の長さの比を k とすると,
$$\overrightarrow{EC} = k\overrightarrow{AB}$$
$$\overrightarrow{BD} = k\overrightarrow{AE}$$
$$\overrightarrow{EB} = k\overrightarrow{DC}$$
であることを用いて,$\overrightarrow{BC}$ および $\overrightarrow{DC}$, $\overrightarrow{ED}$ を $\vec{a}, \vec{b}$ を用いて表せ。

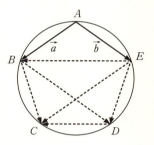

6. $\triangle ABC$ の辺 BC, CA, AB をそれぞれ $m_1:n_1$, $m_2:n_2$, $m_3:n_3$ の比に分ける点を P, Q, R とするとき,P, Q, R が一直線上にあるための条件は,
$$\frac{m_1}{n_1} \cdot \frac{m_2}{n_2} \cdot \frac{m_3}{n_3} = -1$$

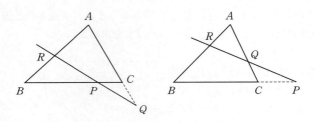

であることを示せ。(メネラウスの定理とその逆)

[ヒント] 向き付けされた線分での比を考え,簡単のためそれぞれの比を $\dfrac{m_1}{n_1}=p,\ \dfrac{m_2}{n_2}=q,\ \dfrac{m_3}{n_3}=r$ とおくとよい。

※解答はP215〜223です。

第3章
ベクトルの内積について

太郎 2つのベクトル $\vec{a}, \vec{b}$ に対し，それらの積 $\vec{a} \cdot \vec{b}$ が
$$\vec{a} \cdot \vec{b} = |\vec{a}||\vec{b}|\cos\theta$$
で定義されていて，ベクトルの**内積**といわれますね。

$\vec{a} = \vec{0}$ または $\vec{b} = \vec{0}$ のときは $\vec{a}, \vec{b}$ のなす角 θ は定まりませんが，$|\vec{a}|=0$ または $|\vec{b}|=0$ によって $\vec{a} \cdot \vec{b} = 0$ とされています。

僕，この積の意味がいま一つ分からないのです。

先生 きっと，みんなそうだよ。

こちらも，問題をいくつか解いているうちに理解してくれるのではないかと，期待しながら授業を進めている感じです。

太郎 へえ，そうなんですか。初めから理解させようと思ってはいない……とか。

先生 練習を重ねながらやっていると，だんだん全体の景色が見えてくるということが，数学にはよくあるのですよ。

初めは定義を鵜呑みにして問題を解いていきながら，ダンダン意味が分かってくる。そういう経験を何度も重ねると，我慢することに慣れてくるのだが，まだ日が浅い君にこう言っても通じないでしょうね。

太郎 もう十分我慢してきました。"こうすれば解ける"ということを実感しているだけで，意味まで理解したとは言えな

い気色の悪さがいつまでも残っているのです。

内積の意味を探る

先生 力とか，点の移動とか，大きさと向きを持った量を矢線で表すことは17世紀から行われ，それらの和・差・実数倍がどのようになるかについても昔から分かっていました。しかし，それらを掛けるという発想は，複素数を平面上の点として表して，それらの積・商の意味を把握した後に，やっと近代になって生まれたのです。つまり，大きさだけなら掛け算はたやすいが，ベクトルは向きも持っているから，それらを掛け合わせるとどうなのか，皆を納得させる合理的な説明を組み立てにくかったのですよ。

太郎 その気持ちはよく分かります。

先生 数学史によると，ハミルトン（1805〜1865）が複素数を拡張して四元数なるものを考え，それが応用範囲の広いものだと思われて大いに研究された時期がありましたが，演算規則が面倒で扱いにくかったことからなかなか普及しなかった。そこへ，物理学者の側からその代用として内積とか，外積というベクトル積が出てきて，それが簡便で実用的なことから瞬く間に広まったのだそうです。

　数学者は体系的で重厚なものを構成したがりますが，物理畑では手軽で実用的なものが好まれる。ベクトルの内積はそういうところから生まれたのだから，結果オーライ的なニュアンスがあるというと，言いすぎになるかな。ギブス（1839〜1903）が内積と外積を含む「ベクトル解析」を考えてから1901年に書籍として正式に発表されるまで，20年を要しているのだからね。

太郎 ベクトルの内積が我々の前に現れたのって20世紀から

なんですか。まだ100年ちょっとしか経っていないのか。

先生 実際，高校数学で扱われる素材の中では，最も近代のものなんです。

さて，2つのベクトル $\vec{a}, \vec{b}$ に積なるものを定義しようとする。大きさだけでなく向きをも取り込むとなると，どうするか？

太郎 2つのベクトルの相対的な関係を重視すると，向きについては両ベクトルのなす角 θ が必要になりますね。

内積の定義は $\vec{a} \cdot \vec{b} = |\vec{a}||\vec{b}|\cos\theta$
ここには $\vec{a}, \vec{b}$ の大きさ $|\vec{a}|, |\vec{b}|$ と，
$\vec{a}, \vec{b}$ のなす角 θ が含まれていて，なるほどと思わせるものはあります。
でも，なぜ $\cos\theta$ なのでしょうか。

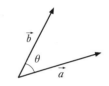

右下図のような平面上の点 $P(x, y)$ については，

$x = r\cos\theta, y = r\sin\theta$

と $\sin\theta$ も用いるのに何故なのかということですが。

先生 $\sin\theta$ と $\cos\theta$ は $\sin^2\theta + \cos^2\theta = 1$ で相互に関連するからどちらか一方で済みますが，2つのベクトルのなす角を問題にするときは，鋭角・鈍角を区別できた方がいいということがあります。$\cos\theta$ だと ＋－ で区別できるが，$\sin\theta$ だとそれができません。

太郎 それはそうですね。

先生 $\cos\theta$ だと鋭角・鈍角を区別できるけれど，定義 $\vec{a} \cdot \vec{b} = |\vec{a}||\vec{b}|\cos\theta$ から分かるように，この2つのベクトルの積はもはやベクトルではなく実数値です。内積は2つのベク

トルに実数値を対応させる関数として存在し，方向情報の大半は失われているのです。

もちろん $\vec{a}$, $\vec{b}$ のなす角の大きさは，$\cos\theta = \dfrac{\vec{a}\cdot\vec{b}}{|\vec{a}||\vec{b}|}$ から求められるけれどね。

それよりも，これによって新しい内積（・）という演算を定義するわけだから，それが既存の演算規則を破ることなく，うまく溶け込まなくてはならない。そればかりでなく，数学の体系のなかでそれなりの役割を果たさなくてはなりません。

太郎 新参者としての礼儀をわきまえて行動しなくてはいけないけど，草履取りに甘んじているようでは，新しい人としての立場がない。目覚ましい働きをして存在をアピールしなくてはならないわけですね。

先生 私は，ベクトルの内積は，三角比の余弦定理に取って代わるものとして現れたと理解しています。そこにベクトルならではの存在意義があります。

右図の $\triangle OAB$ に余弦定理を適用すると，

$$AB^2 = OA^2 + OB^2 - 2OA\cdot OB\cos\theta$$

これをベクトルで書くと

$$|\vec{a}-\vec{b}|^2 = |\vec{a}|^2 + |\vec{b}|^2 - 2|\vec{a}||\vec{b}|\cos\theta$$

………①

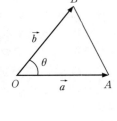

この左辺が，仮に $|\vec{a}-\vec{b}|^2 = \vec{a}^2 - 2\vec{a}\cdot\vec{b} + \vec{b}^2$ と展開できたとして，これを①の右辺と比べてみます。

$\vec{a}^2$, $\vec{b}^2$ は $|\vec{a}|^2$, $|\vec{b}|^2$ だとして（それが自然だから），$\vec{a} \cdot \vec{b}$ が $|\vec{a}||\vec{b}|\cos\theta$ に対応すれば，余弦定理をベクトルで実現できたことになります。

そこで，2つのベクトルの積を $\vec{a} \cdot \vec{b} = |\vec{a}||\vec{b}|\cos\theta$ で定義すると，同じ2つのベクトルの内積，たとえば $\vec{a}$ と $\vec{a}$ の内積は，なす角 $\theta = 0$ だから

$$\vec{a} \cdot \vec{a} = |\vec{a}||\vec{a}|\cos 0 = |\vec{a}|^2 \quad \therefore \vec{a} \cdot \vec{a} = |\vec{a}|^2$$

となってくれるし，$|\vec{a} - \vec{b}|^2 = (\vec{a} - \vec{b}) \cdot (\vec{a} - \vec{b})$ と書けるから，ここに普通の演算規則が適用できれば，

$$(\vec{a} - \vec{b}) \cdot (\vec{a} - \vec{b}) = \vec{a} \cdot \vec{a} - 2\vec{a} \cdot \vec{b} + \vec{b} \cdot \vec{b}$$
$$= |\vec{a}|^2 - 2\vec{a} \cdot \vec{b} + |\vec{b}|^2$$

により，$\vec{a} \cdot \vec{b} = |\vec{a}||\vec{b}|\cos\theta$ のもとで，①式の左辺とこの右辺が完全に繋がるわけです。

あとは，この定義で交換法則 $\vec{a} \cdot \vec{b} = \vec{b} \cdot \vec{a}$，実数 k との結合法則 $\vec{a} \cdot (k\vec{b}) = k(\vec{a} \cdot \vec{b})$，分配法則 $\vec{a} \cdot (\vec{b} + \vec{c}) = \vec{a} \cdot \vec{b} + \vec{a} \cdot \vec{c}$ などの演算規則が成り立っているかどうかの検証が残されているだけです。

太郎 交換法則，k との結合法則は定義からほとんど明らかですが，分配法則はどう検証されるのでしょうか？

先生 $\overrightarrow{OA} = \vec{a}$, $\overrightarrow{OB} = \vec{b}$ で $\angle AOB = \theta$ のとき，B から $\vec{a}$ の載る直線 OA に下した垂線の足を B' とすると，$\vec{a}$, $\vec{b}$ の内積 $\vec{a} \cdot \vec{b} = |\vec{a}||\vec{b}|\cos\theta$ は，$|\vec{b}|\cos\theta \times |\vec{a}|$ としてみれば明らかなように，$OB' = |\vec{b}|\cos\theta$ と $|\vec{a}|$ との積であることが分かります。

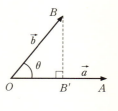

θ が鈍角のときは，次ページの図のようになって，$\cos\theta < 0$ だから $OB' < 0$ となって，内積の値も負になります。

この OB' を，$\vec{b}$ の $\vec{a}$ 上への**正射影**といいます。

太郎 真上からの太陽光に照らされたときの，ベクトル $\vec{b}$ の影のイメージですね。

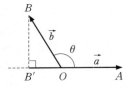

先生 そして，それは直線 OA を l とすると，l 上の有向線分（$\overrightarrow{OA}$ の向きが正の）で表すことができます。このベクトル $\overrightarrow{OB'}$ を，$\vec{b}$ の $\vec{a}$ 上への**正射影ベクトル**といい，$\vec{b}'$ と書きます。大事なことは，直線 l を $\vec{a}$ の向きで有向化してその有向直線上での正射影を考えているということです。

　さて，そうすると，$\vec{a}$，$\vec{b}$ の<u>内積</u> $\vec{a} \cdot \vec{b}$ とは，"$\vec{b}$ の $\vec{a}$ 上への正射影と $|\vec{a}|$ との積である"（これはベクトルではなく，正・負の値をとる実数値です），といえるわけです。これをもとに，分配法則 $\vec{a} \cdot (\vec{b} + \vec{c}) = \vec{a} \cdot \vec{b} + \vec{a} \cdot \vec{c}$ の成り立つことを示してみましょう。$\vec{a} \cdot (\vec{b} + \vec{c})$ は，$\vec{b} + \vec{c}$ の $\vec{a}$ 上への正射影と $|\vec{a}|$ との積ですから，$\vec{b} + \vec{c}$ の $\vec{a}$ 上への正射影がどうなっているか，次の図で考えてみると，

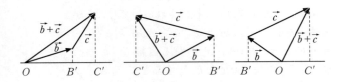

いずれも，"$\vec{b} + \vec{c}$ の正射影 $= OC' = OB' + B'C' = \vec{b}$ の正射影 $+ \vec{c}$ の正射影"となっています。したがって，

$$\begin{aligned}\vec{a} \cdot (\vec{b} + \vec{c}) &= |\vec{a}|(OB' + B'C') \\ &= |\vec{a}|OB' + |\vec{a}|B'C' \\ &= \vec{a} \cdot \vec{b} + \vec{a} \cdot \vec{c}\end{aligned}$$

第3章 ベクトルの内積について

が成り立つわけです。

以上によって，内積の計算は普通の多項式の積の計算と同じように計算してよいことになったわけです。これらの計算規則と2つの同じベクトルの内積が $\vec{a} \cdot \vec{a} = |\vec{a}|^2$ であることを用いると，たとえば $(2\vec{a}+3\vec{b}) \cdot (\vec{a}-2\vec{b})$ の計算は，

$$(2\vec{a}+3\vec{b}) \cdot (\vec{a}-2\vec{b}) = 2|\vec{a}|^2 - \vec{a} \cdot \vec{b} - 6|\vec{b}|^2$$

のように，多項式が

$$(2a+3b)(a-2b) = 2a^2 - ab - 6b^2$$

と展開・計算されるのと同じく，ただ $\vec{a}^2$ を $|\vec{a}|^2$，$\vec{b}^2$ を $|\vec{b}|^2$ と置き換えるだけで計算できるというのだから……。

太郎 嬉しくなりますよね。

先生 また，$|\vec{a}+2\vec{b}|^2 = (\vec{a}+2\vec{b}) \cdot (\vec{a}+2\vec{b})$ だから，"ベクトルの大きさの2乗＝同じベクトルの内積"によって

$$|\vec{a}+2\vec{b}|^2 = |\vec{a}|^2 + 4\vec{a} \cdot \vec{b} + 4|\vec{b}|^2$$

と，ベクトル式の絶対値の2乗が展開公式をイメージしながら簡便化できるというわけですから……。

これによると，①式による $\triangle OAB$ の余弦定理は

$$|\vec{a}-\vec{b}|^2 = |\vec{a}|^2 - 2\vec{a} \cdot \vec{b} + |\vec{b}|^2 \quad \cdots\cdots\cdots ②$$

という内積計算の中に完全に吸収されてしまいます。初めに注意したけれども，これが何としても大きいところです。

さて，ここで $\vec{a}$，$\vec{b}$ が $\vec{a} = (a_1, a_2)$，$\vec{b} = (b_1, b_2)$ と成分で表されていると，$\vec{a}-\vec{b} = (a_1-b_1, a_2-b_2)$ だから②式にあてはめて，

$$(a_1-b_1)^2 + (a_2-b_2)^2 = (a_1^2+a_2^2) - 2\vec{a} \cdot \vec{b} + (b_1^2+b_2^2)$$

左辺を展開して整理すると，$2\vec{a} \cdot \vec{b} = 2a_1b_1 + 2a_2b_2$ となり

$$\vec{a} \cdot \vec{b} = a_1b_1 + a_2b_2$$

と，内積の成分表示が得られます。
　ここで，問題を1つやっておきましょう。

例題1　原点 O と点 $A(4, 3)$ を通る直線を l とする。
(1) $\overrightarrow{OA}$ と同じ向きの単位ベクトル $\vec{e}$ の成分を求めよ。
(2) $B(1, 2)$, $C(-2, 1)$ のとき，B, C それぞれの l 上への正射影 B', C' の座標を求めよ。

太郎　(1) $\overrightarrow{OA} = \vec{a}$ とおくと，$|\vec{a}| = \sqrt{4^2 + 3^2} = 5$ により，$\vec{a}$ を単位ベクトルにするには大きさを5分の1にするので，

$$\vec{e} = \frac{1}{5}\vec{a} = \frac{1}{5}(4, 3) = \left(\frac{4}{5}, \frac{3}{5}\right)$$

です。

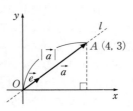

先生　次の (2) は，$\overrightarrow{OB} = \vec{b}$ とおき，$\vec{b}$ の $\vec{a}$ 上への正射影ベクトル $\vec{b}'$ を使えるようにするために，まず $\vec{a} \cdot \vec{b} = |\vec{a}||\vec{b}|\cos\theta$ から

$|\vec{b}|\cos\theta = \dfrac{\vec{a} \cdot \vec{b}}{|\vec{a}|}$ を求めます。こ

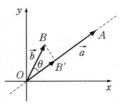

れに (1) で求めた単位ベクトル $\vec{e}$ によって向き付けをします。
太郎　なるほど。

　θ は鋭角だから，$OB' = |\vec{b}|\cos\theta = \dfrac{\vec{a} \cdot \vec{b}}{|\vec{a}|}$ で，

$\vec{a}\cdot\vec{b} = 4\times 1 + 3\times 2 = 10$ だから，$OB' = \dfrac{10}{5} = 2$

よって，$\overrightarrow{OB'} = 2\vec{e} = 2\left(\dfrac{4}{5}, \dfrac{3}{5}\right)$ 　　$\therefore B'\left(\dfrac{8}{5}, \dfrac{6}{5}\right)$

B' と同様に，次の C' は $\overrightarrow{OC} = \vec{c}$ とおき，$\vec{c}$ の $\vec{a}$ 上への正射影ベクトル $\vec{c}\,'$ を利用します。$\vec{c}$ と $\vec{a}$ のなす角 θ は鈍角ですから $\cos\theta < 0$ です。そこで，直線 l を $\vec{a}$ の向きが正となるよう有向化すると，

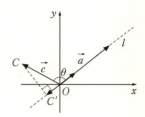

$$OC' = |\vec{c}|\cos\theta = \dfrac{\vec{a}\cdot\vec{c}}{|\vec{a}|} \text{ で}$$

$\vec{a}\cdot\vec{c} = 4\times(-2) + 3\times 1 = -5$ だから，$OC' = \dfrac{-5}{5} = -1$

よって，$\overrightarrow{OC'} = -1\vec{e} = -\left(\dfrac{4}{5}, \dfrac{3}{5}\right)$ 　　$\therefore C\left(-\dfrac{4}{5}, -\dfrac{3}{5}\right)$

となります。

先生　一般に，$\vec{b}$ の $\vec{a}$ 上への正射影ベクトル $\vec{b}\,'$ は，$\vec{a}$ を単位ベクトル化した $\vec{e} = \dfrac{1}{|\vec{a}|}\vec{a}$ を用いて，$\vec{b}\,' = OB'\vec{e}$

と表すことができます。具体的には $OB' = |\vec{b}|\cos\theta = \dfrac{\vec{a}\cdot\vec{b}}{|\vec{a}|}$

ですから

$$\vec{b}\,' = OB'\vec{e} = \left(\dfrac{\vec{a}\cdot\vec{b}}{|\vec{a}|}\right)\dfrac{1}{|\vec{a}|}\vec{a} = \dfrac{\vec{a}\cdot\vec{b}}{|\vec{a}|^2}\vec{a}$$

といった具合です。

太郎 内積の姿がだんだん明らかになってきました。

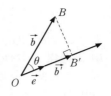

少々話を元に戻してしまいますが、2つのベクトルの内積 $\vec{a}\cdot\vec{b}$ を $|\vec{a}||\vec{b}|\cos\theta$ として定義することは、正射影との積という意味があり、それは余弦定理を内包するシステムの中で最も重要な量として働くことも分かったのですが、仮に定義中の $\cos\theta$ を $\sin\theta$ にしたとすると……、$|\vec{a}||\vec{b}|\sin\theta$ は何を表すのでしょうか？

先生 2分の1を付ければ分かるでしょう。

太郎 あっ、そうか。三角形の面積だ！

先生 そうです。$|\vec{a}||\vec{b}|\sin\theta$ は、$\overrightarrow{OA}=\vec{a}$ と $\overrightarrow{OB}=\vec{b}$ とによって作られる平行四辺形の面積 S を表します。しかし、この $\sin\theta$ は $\sin\theta=\sqrt{1-\cos^2\theta}$ により、次のように内積に化けて、

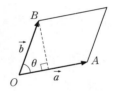

$$\begin{aligned}
S &= |\vec{a}||\vec{b}|\sin\theta \\
&= |\vec{a}||\vec{b}|\sqrt{1-\cos^2\theta} \\
&= \sqrt{|\vec{a}|^2|\vec{b}|^2-\left(|\vec{a}||\vec{b}|\cos\theta\right)^2} \\
&= \sqrt{|\vec{a}|^2|\vec{b}|^2-\left(\vec{a}\cdot\vec{b}\right)^2}
\end{aligned}$$

と書けます。さらに、これを成分で表すと、

$$\begin{aligned}
S &= \sqrt{(a_1^2+a_2^2)(b_1^2+b_2^2)-(a_1b_1+a_2b_2)^2} \\
&= \sqrt{a_1^2b_2^2-2a_1a_2b_1b_2+a_2^2b_1^2}
\end{aligned}$$

$$= \sqrt{(a_1b_2 - a_2b_1)^2} = |a_1b_2 - a_2b_1|$$

この S を $S = [\vec{a}, \vec{b}]$ と書くことにすると，

$[\vec{a}, \vec{b}] = |a_1b_2 - a_2b_1|$

これは，右のようなたすき掛けとして図式化して覚えておくと便利です。

一方，内積 $\vec{a} \cdot \vec{b} = a_1b_1 + a_2b_2$ の場合は，右下図のように図式化して覚えておくとよいでしょう。

また，$\vec{a}, \vec{b}$ の内積 $\vec{a} \cdot \vec{b} = |\vec{a}||\vec{b}|\cos\theta$ の値は $|\vec{b}|\cos\theta$ と $|\vec{a}|$ の積なので，θ を 0 から 180° まで変化させると，徐々に減少し，$\theta = 90°$ で 0 になり，180° で最小になって，

$-|\vec{a}||\vec{b}| \leq \vec{a} \cdot \vec{b} \leq |\vec{a}||\vec{b}|$

の範囲の値をとることが分かります。

一方，$\vec{a}, \vec{b}$ の張る平行四辺形の面積 $S = [\vec{a}, \vec{b}]$ は，θ が 0 から 180° まで変わるとき，0 から徐々に増加し $\theta = 90°$ で最大となり，そこから減少して 180° で再び 0 になります。

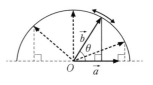

ここまで押さえておくと，2 つのベクトルの垂直条件・平行条件も同時に得られますね。

太郎 垂直条件は，$\theta = 90°$ のとき $\cos\theta = 0$ だから，<u>内積 $\vec{a} \cdot \vec{b} = 0$</u> ですね。

先生 実数の場合は，$ab = 0 \Leftrightarrow a = 0$ または $b = 0$ ですが，ベ

クトルの内積の場合は，

$$\vec{a} \cdot \vec{b} = 0 \Leftrightarrow \vec{a} = \vec{0} \text{ または } \vec{b} = \vec{0} \text{ または } \theta = 90°$$

です。これを成分で表すと，$\vec{a} = (a_1, a_2)$，$\vec{b} = (b_1, b_2)$ のとき

垂直条件 $\Leftrightarrow a_1 b_1 + a_2 b_2 = 0$

となります。

太郎 平行条件は，$\theta = 0°$，$180°$ のときだから，

$$\vec{a} \cdot \vec{b} = \pm |\vec{a}| |\vec{b}|$$

これを $S = \sqrt{|\vec{a}|^2 |\vec{b}|^2 - (\vec{a} \cdot \vec{b})^2}$ に代入して $S = 0$

よって，$S = |a_1 b_2 - a_2 b_1| = 0$

したがって成分では，平行条件 $\Leftrightarrow a_1 b_2 - a_2 b_1 = 0$ です。

先生 $\vec{a} // \vec{b}$ だと，$\vec{a}$，$\vec{b}$ によって作られる平行四辺形はつぶれてしまうから……。

太郎 ああ，それで面積 $S = 0$ でよかったのですね。

内積の図形への応用

先生 では，内積を図形に応用する問題をいくつかやってみましょう。

例題2 $\triangle OAB$ で $OA = 6$，$OB = 5$，$AB = 7$ のとき，$\overrightarrow{OA} = \vec{a}$，$\overrightarrow{OB} = \vec{b}$ とおく。

(1) 内積 $\vec{a} \cdot \vec{b}$ を求めよ。

(2) O から辺 AB に下ろした垂線の足を H とするとき，$\overrightarrow{OH}$ を $\vec{a}$，$\vec{b}$ で表せ。

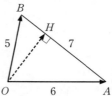

この問題を出題すると，△OAB に余弦定理を適用して，

$$7^2 = 6^2 + 5^2 - 2 \cdot 6 \cdot 5 \cos\theta \text{ から } \cos\theta = \frac{1}{5}$$

そこで，$\vec{a} \cdot \vec{b} = |\vec{a}||\vec{b}| \cos\theta = 6 \times 5 \times \frac{1}{5} = 6$ としてしまう生徒が少なくない。

太郎 今までの話がなかったら，僕もそうしたかもしれません。

先生 $AB=7$ は，ベクトルでは $|\vec{b} - \vec{a}|=7$ だが，両辺を平方して内積の計算に帰着させる。ここが1つのポイントとなります。

太郎 $|\vec{a} - \vec{b}|=7$ の両辺を平方した $|\vec{a} - \vec{b}|^2=49$ と，内積の演算により

$$|\vec{a}|^2 - 2\vec{a} \cdot \vec{b} + |\vec{b}|^2 = 49$$

よって，$36 - 2\vec{a} \cdot \vec{b} + 25 = 49$ より $\vec{a} \cdot \vec{b} = 6$

結局，余弦定理は内積を使う場面では，必要ないのですね。

先生 次の (2) は，$AH:HB = s:1-s$ とおいて
$$\vec{OH} = (1-s)\vec{OA} + s\vec{OB}$$
と，$\vec{OH} \perp \vec{AB}$ から s の値を決定してください。

太郎 はい。$\vec{OH} \perp \vec{AB}$ から内積
$\vec{OH} \cdot \vec{AB} = 0$ です。

$AH:HB=s:1-s$ とおくと，
$$\vec{OH} = (1-s)\vec{a} + s\vec{b}$$
と書けるから，$\vec{OH} \cdot \vec{AB} = 0$ より

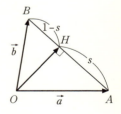

$$\vec{OH} \cdot \vec{AB}$$
$$= \{(1-s)\vec{a} + s\vec{b}\} \cdot (\vec{b} - \vec{a})$$
$$= (1-s)\vec{a} \cdot \vec{b} + s|\vec{b}|^2 - (1-s)|\vec{a}|^2 - s\vec{a} \cdot \vec{b}$$
$$= (1-s) \cdot 6 + s \cdot 5^2 - (1-s) \cdot 6^2 - s \cdot 6 = 49s - 30$$

よって，$49s - 30 = 0$ $\quad \therefore s = \dfrac{30}{49}$

したがって，$\vec{OH} = \dfrac{19}{49}\vec{a} + \dfrac{30}{49}\vec{b}$

先生 では，続けてもう1題。

例題3 $OA = 3$, $OB = 2$, $\angle AOB = 60°$ の $\triangle OAB$ がある。頂点 A から辺 OB に下ろした垂線と，頂点 B から辺 OA に下ろした垂線の交点を H とする。
(1) $OH \perp AB$ であることを示せ。
(2) $\vec{OA} = \vec{a}$, $\vec{OB} = \vec{b}$ とおくとき，$\vec{OH}$ を $\vec{a}$, $\vec{b}$ で表せ。

太郎 (1)は，3つの垂線が1点で交わることを証明するのですね。

先生 そうです。垂心の存在を示す問題で，辺の長さ等に関係なく成立する性質です。

太郎 O を位置ベクトルの始点として $\vec{OH} = \vec{h}$ とします。

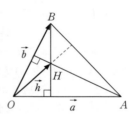

$\vec{BH} \perp \vec{OA}$ より $(\vec{h} - \vec{b}) \cdot \vec{a} = 0$
  $\therefore \vec{h} \cdot \vec{a} = \vec{a} \cdot \vec{b}$ ………①
$\vec{AH} \perp \vec{OB}$ より $(\vec{h} - \vec{a}) \cdot \vec{b} = 0$
  $\therefore \vec{h} \cdot \vec{b} = \vec{a} \cdot \vec{b}$ ………②
①-②より，$\vec{h} \cdot \vec{a} - \vec{h} \cdot \vec{b} = 0$ $\therefore \vec{h} \cdot (\vec{a} - \vec{b}) = 0$
これは，$\vec{OH} \perp \vec{AB}$ であることを示します。

先生 (2)は，$\vec{h}$ を $\vec{a}$, $\vec{b}$ の1次結合で，$\vec{h} = x\vec{a} + y\vec{b}$ とおいて，内積=0から x, y を求めましょう。

太郎 $|\vec{a}| = 3$, $|\vec{b}| = 2$, $\vec{a} \cdot \vec{b} = 2 \cdot 3 \cdot \cos 60° = 3$ に注意して，
$\vec{BH} \perp \vec{OA}$ からの①より $(x\vec{a} + y\vec{b}) \cdot \vec{a} = \vec{a} \cdot \vec{b}$ だから
  $x|\vec{a}|^2 + y\vec{a} \cdot \vec{b} = \vec{a} \cdot \vec{b}$ $\therefore 3x + y = 1$ ………①′

第3章 ベクトルの内積について

$\vec{AH} \perp \vec{OB}$ からの②より $(x\vec{a} + y\vec{b}) \cdot \vec{b} = \vec{a} \cdot \vec{b}$ だから
$x\vec{a} \cdot \vec{b} + y|\vec{b}|^2 = \vec{a} \cdot \vec{b}$ ∴ $3x + 4y = 3$ ………②′
①′,②′ を解いて,$x = \dfrac{1}{9}$, $y = \dfrac{2}{3}$

よって,$\vec{OH} = \dfrac{1}{9}\vec{a} + \dfrac{2}{3}\vec{b}$

先生 一般の三角形について,しかも一般の位置に始点をおいて垂心の位置ベクトルを求めるのはやや面倒です。三角形の外心に位置ベクトルの始点を据えて求めることがよく行われ有名です。(→ 演習問題1)

最後は,こんな問題です。

例題4 点 O を中心とする円を考える。この円の円周上に3点 A, B, C があって,$\vec{OA} + \vec{OB} + \vec{OC} = \vec{0}$ を満たしている。このとき,△ABC は正三角形であることを示せ。

太郎 $\vec{OA} + \vec{OB} = -\vec{OC}$
だから,力のつり合いと見てこれを図示すると,右図のようですね。このとき,$\vec{OA}$ と $\vec{OB}$ の和である C' が中心 O に関して C と対称の位置にあれば,C' は外接円周上にあるから

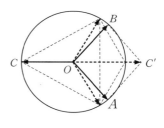

△ABC は正三角形であることはほぼ明らかといえるけど,もっときっちり説明した方が良いですよね。

先生 $|\vec{OA}| = |\vec{OB}| = |\vec{OC}|$ であることから,半径を r として $\vec{OA} + \vec{OB} = -\vec{OC}$ の大きさを考えます。

太郎 $|\vec{OA}+\vec{OB}|=|-\vec{OC}|$ ですから,両辺を平方して,
$$|\vec{OA}+\vec{OB}|^2=r^2$$
これを展開して,内積の計算に持ち込みます。
$$|\vec{OA}|^2+2\vec{OA}\cdot\vec{OB}+|\vec{OB}|^2=r^2 \text{ より}$$
$$2\vec{OA}\cdot\vec{OB}=-r^2 \quad\cdots\cdots\cdots①$$
ここで,$\vec{OA}$ と $\vec{OB}$ のなす角を θ とおくと,
$$\vec{OA}\cdot\vec{OB}=|\vec{OA}\|\vec{OB}|\cos\theta=r^2\cos\theta \text{ だから,}$$
$$2r^2\cos\theta=-r^2$$
よって,$\cos\theta=-\dfrac{1}{2}$ ∴ $\angle AOB=120°$

対称性から同じく $\angle BOC=\angle COA=120°$ がいえるので,これで△ABC が正三角形であることが示されました。

先生 ①まで来たら,直接辺の長さを計算してみるのもいいでしょう。
$$AB^2=|\vec{OB}-\vec{OA}|^2=|\vec{OB}|^2-2\vec{OA}\cdot\vec{OB}+|\vec{OA}|^2$$
$$=r^2-(-r^2)+r^2=3r^2$$
よって,$AB=\sqrt{3}\,r$
同様に $BC=CA=\sqrt{3}\,r$ ですから……。
この方がはっきりしますね。

なお,条件式の両辺を 3 で割り,
$$\dfrac{\vec{OA}+\vec{OB}+\vec{OC}}{3}=\vec{0}$$
とすれば,左辺は△ABC の重心 G を表すから $\vec{OG}=\vec{0}$ で,右辺の $\vec{0}$ は外接円の中心 O を示しています。

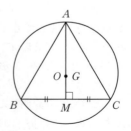

太郎 そうか,条件式を外心と重心が一致していると読めば,外心と重心の一致する三角形は正三角形ですね。なぜなら,図の重心 G は中線 AM 上にあり,

外心 O は辺 BC の垂直2等分線上にあり，同じ線分上にあることになって，垂直2等分線の性質から $AB = AC$ が従います。また同様に $BC = BA$ がいえますからね。

演習問題

1． $\triangle ABC$ の頂点 B, C からそれぞれ辺 CA, AB に下ろした垂線の交点を H とする。位置ベクトルの始点を $\triangle ABC$ の外心 O にとり，$A(\vec{a})$，$B(\vec{b})$，$C(\vec{c})$，$H(\vec{h})$ とする。このとき，次のことが成り立つことを示せ。

(1) A の O に関する対称点を A' とすると，$\square A'CHB$ は平行四辺形。
(2) $\vec{h} = \vec{a} + \vec{b} + \vec{c}$
(3) $\overrightarrow{AH} \perp \overrightarrow{BC}$

2． $\triangle ABC$ において，$\overrightarrow{CA} \cdot \overrightarrow{AB} = a$，$\overrightarrow{AB} \cdot \overrightarrow{BC} = b$，$\overrightarrow{BC} \cdot \overrightarrow{CA} = c$ とおくとき，$\triangle ABC$ の面積 S は
$$S = \frac{1}{2}\sqrt{ab + bc + ca}$$
であることを示せ。

3． $OA = 2$, $OB = 3$, $\angle AOB = 60°$ の $\triangle OAB$ の頂点 O から辺 AB に下ろした垂線の足を H とし，頂点 A から辺 OB に下ろした垂線の足を P とする。
OH と AP の交点を Q とするとき，次の値を求めよ。

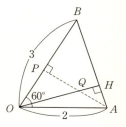

(1) $AH : HB$　　(2) $|\overrightarrow{OH}|$　　(3) $OQ : QH$

4. △ABC の外側に正方形 ABDE, ACFG を作る。
このとき, 次が成り立つことを示せ。

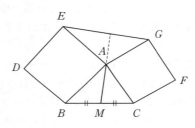

(1) 辺 BC の中点を M とすれば, $AM \perp EG$
(2) $EG = 2AM$

5. 1辺の長さが1の正五角形 ABCDE に対して, $\vec{AB} = \vec{a}$, $\vec{AE} = \vec{b}$ とおく。BD の長さを x とするとき, 次の問いに答えよ。

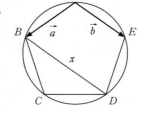

(1) 内積 $\vec{a} \cdot \vec{b}$ の値を x を用いて表せ。
(2) x の値を求めよ。

※解答はP223〜228です。

第4章
重心から眺めたベクトルの世界

三角形の重心と面積比

太郎 中学校以来,三角形ABCの重心は3つの頂点から引いた3中線の交点であると習ってきました。また,重心というのは文字通り物体の重さの中心でバランス点だという話も聞いてきました。実際,右図のような三角形の板があると,このように指でバランスを取ることでその1点を実感できます。これは数学でいう3中線の交点と同じと考えていいですか?

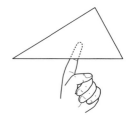

先生 物体には重さがあり質量が分布しています。

物理学で広がりのある物体の運動を考えるとき,すべての質量が集中している1点を仮想して,その1点の運動として考える。そのように単純化しても物体の運動をうまく説明できるとしたら,その方が取り扱いが簡単だし便利なのです。

ですから中身の詰まった物体に対し,その重心を考えることは物理学では重要ですが,初等数学では板三角形とか円板・球体など単純な物体を除けばその位置を求めるのは簡単ではありません。難しい積分の計算を行う必要があるのです。

次ページの図のような$\triangle ABC$の板ですと,それを底辺

BC と平行な細い棒状の板に細分し，三角形をそれら細片の集合と考えれば，1つ1つの棒の重心はその中点にあるから，全体の重心はそれら中点たちを繋いだ中線 AM 上にあると考えられる。

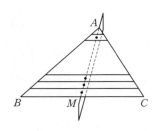

太郎 頂点 A から定規のエッジを当て，左右のバランスが取れるようにすることに当たりますね。それで，B, C からも同じことを行えば，3つの中線の交点の位置に重心があることが分かるというわけですね。

先生 そうなんですが，板の重心ということで話を進めると四角形になっただけで式が複雑になってしまうので，それを回避するために，初等数学では三角形 ABC の重心は物理的意味を捨てて，単に3中線の交点として定義しています。「幾何学」では，"点とは位置のみあって大きさのないもの"，"線とは幅のない長さである" と抽象化された定義から出発しています。数学で「三角形」というとき，"三角形に中身はなく，辺に太さはなく，頂点に大きさもない"。厚紙を切って作ったようなものではありません。

ただ，質量をもった点をいくつかに絞り，それら離散点の質量中心を考える，そのように単純化された物理的事象は初等的にうまく数学化できていて，心得ておくと問題の解決に有利ですから，後ほどお話ししましょう。

まずは三角形の重心を，「3中線の交点」から出発するこんな問題から始めることにします。

第4章 重心から眺めたベクトルの世界

例題1 △ABCの2つの中線AM, BNの交点Gは，互いに他を2：1の比に内分することを示せ。

太郎 定石通りやります。Gは中線AM上にあるから
$$\vec{AG} = s\vec{AM} \quad (sは実数)$$
とおけて，
$$\vec{AG} = s \cdot \frac{1}{2}(\vec{AB} + \vec{AC})$$
$$= \frac{s}{2}\vec{AB} + \frac{s}{2}\vec{AC}$$
………①

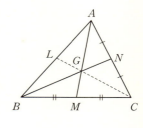

また，BG：GN＝t：1−tとおくと
$$\vec{AG} = (1-t)\vec{AB} + t\vec{AN} \quad より$$
$$\vec{AG} = (1-t)\vec{AB} + \frac{t}{2}\vec{AC} \quad ………②$$

$\vec{AB}$ と $\vec{AC}$ は独立だから，①，②より
$$\frac{s}{2} = 1-t, \ \frac{s}{2} = \frac{t}{2} \quad \therefore s = t = \frac{2}{3}$$

よって，Gは，中線AM, BNをそれぞれ2：1の比に内分します。

なお，ABの中点をLとすれば，同じ議論から，中線AM, CLも2：1の比に内分する点で互いに交わり，したがって3中線は1点Gで会することも分かりますね。

先生 つまりこれが，数学でいう三角形の重心です。$AG：GM = 2：1$だから，Gから見ると $\vec{GA} = -2\vec{GM}$ で，また $\vec{GM} = \frac{1}{2}(\vec{GB} + \vec{GC})$ だから $\vec{GA} = -(\vec{GB} + \vec{GC})$
よって，重心Gに対し，常に

$$\overrightarrow{GA} + \overrightarrow{GB} + \overrightarrow{GC} = \vec{0}$$

が成り立ちます。

また，位置ベクトルの始点 O をどこに定めても，この式から

$$(\overrightarrow{OA} - \overrightarrow{OG}) + (\overrightarrow{OB} - \overrightarrow{OG}) + (\overrightarrow{OC} - \overrightarrow{OG}) = \vec{0}$$

よって，△ABC の重心は，始点をどこに定めても

$$\overrightarrow{OG} = \frac{\overrightarrow{OA} + \overrightarrow{OB} + \overrightarrow{OC}}{3}$$

と書けます。これも，すでに学校で学習済みですね。

太郎 3つの頂点 A, B, C の位置ベクトルの平均ということで，式に対称性があってきれいだから覚えやすいです。

例題2 △ABC の内部に点 P があり，正数 l, m, n に対し，条件式 $l\overrightarrow{PA} + m\overrightarrow{PB} + n\overrightarrow{PC} = \vec{0}$ が満たされるとき，小三角形の面積について

$$\triangle PBC : \triangle PCA : \triangle PAB = l : m : n$$

が成り立つことを示せ。

先生 この問題を解くコツは，始点をどこに置くかです。

太郎 位置ベクトルの始点をどこに定めるか。普通は頂点 A, B, C のどれかに定めるか，あるいは一般の位置に O を定めるかですが……。

先生 そのいずれでもできますが，

$$l\overrightarrow{PA} = \overrightarrow{PA'},\ m\overrightarrow{PB} = \overrightarrow{PB'},\ n\overrightarrow{PC} = \overrightarrow{PC'}$$

と置き換えると，条件式は $\overrightarrow{PA'} + \overrightarrow{PB'} + \overrightarrow{PC'} = \vec{0}$ となり，このとき点 P は △A'B'C' の重心ということになります。

太郎 えーと，$l\overrightarrow{PA} + m\overrightarrow{PB} + n\overrightarrow{PC} = \vec{0}$ を満たす点 P が △ABC の内部にある。この時点では P がどこにあるか分か

第4章 重心から眺めたベクトルの世界

らないけど，P を中心にして $\overrightarrow{PA}$, $\overrightarrow{PB}$, $\overrightarrow{PC}$ をそれぞれ l, m, n 倍した点を A', B', C' として $\triangle A'B'C'$ を考えると，P は $\triangle A'B'C'$ の重心であると，P の正体が分かるのですね。

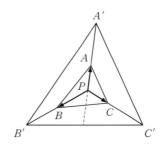

先生 そこで，この重心 P から A, B, C を眺める。点 P は $\triangle A'B'C'$ の重心ですから，面積について

$$\triangle PB'C' = \triangle PC'A' = \triangle PA'B'$$

です。

太郎 ところが，$\angle APB = \theta$ とすると

$$\triangle PA'B' = \frac{1}{2}|\overrightarrow{PA'}\|\overrightarrow{PB'}|\sin\theta$$

$$= \frac{1}{2}lm|\overrightarrow{PA}\|\overrightarrow{PB}|\sin\theta$$

$$= lm\triangle PAB$$

同様に $\triangle PB'C' = mn\triangle PBC$, $\triangle PC'A' = nl\triangle PCA$ ですから $mn\triangle PBC = nl\triangle PCA = lm\triangle PAB$

よって，$\dfrac{\triangle PBC}{l} = \dfrac{\triangle PCA}{m} = \dfrac{\triangle PAB}{n}$

これで，$\triangle PBC : \triangle PCA : \triangle PAB = l : m : n$

がいえました。

　分点公式を使って，辺の比をゴチャゴチャいわないで面積比を出せたのがステキです。

先生 面積うんぬんといっていますが，決して板三角形をイメージしているわけではありません。

65

さて，これは次のような逆のタイプの問題としても出題されます。

問 △ABC の内部に点 P があり，△PBC, △PCA, △PAB の面積比が順に $l:m:n$ であるとき，
$$l\overrightarrow{PA} + m\overrightarrow{PB} + n\overrightarrow{PC} = \vec{0}$$
が成り立つことを示せ。

太郎 AP の延長が辺 BC と交わる点を Q とすると，
$BQ:QC = n:m$ ですから，P から見ると

$$\overrightarrow{PQ} = \frac{m\overrightarrow{PB} + n\overrightarrow{PC}}{n+m} \quad \cdots\cdots\cdots ①$$

と書けます。

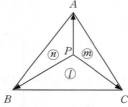

また，△ABC と △PBC の面積比は
$$\triangle ABC : \triangle PBC = AQ:PQ$$
$$= l+m+n : l$$
だから，$AP:PQ = n+m : l$
よって，$(n+m)\overrightarrow{PQ} = -l\overrightarrow{PA}$
①より，$m\overrightarrow{PB} + n\overrightarrow{PC} = -l\overrightarrow{PA}$
ゆえに，$l\overrightarrow{PA} + m\overrightarrow{PB} + n\overrightarrow{PC} = \vec{0}$
です。

先生 よくできました。

このことを使うと，三角形の内心の位置ベクトルを求めることができます。やってみましょう。

問 △ABC の内心を I とすると，

$$a\overrightarrow{IA} + b\overrightarrow{IB} + c\overrightarrow{IC} = \vec{0}$$

が成り立つことを示せ。ただし，a, b, c は各辺 BC, CA, AB の長さとする。

太郎 内心というのは内接円の中心ですから，右図のように $\triangle ABC$ に内接円を書き，中心を I とします。

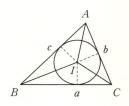

すると，小三角形の面積比は高さ（半径）が等しいことから底辺の長さの比に等しく

$$\triangle IBC : \triangle ICA : \triangle IAB = a : b : c$$

です。よって，前問の結果から直ちに

$$a\overrightarrow{IA} + b\overrightarrow{IB} + c\overrightarrow{IC} = \vec{0}$$

が示されます。

先生 そこで，位置ベクトルの始点を O とすると，

$$a(\overrightarrow{OA} - \overrightarrow{OI}) + b(\overrightarrow{OB} - \overrightarrow{OI}) + c(\overrightarrow{OC} - \overrightarrow{OI}) = \vec{0}$$

より内心の位置ベクトル

$$\overrightarrow{OI} = \frac{a\overrightarrow{OA} + b\overrightarrow{OB} + c\overrightarrow{OC}}{a+b+c}$$

が得られます。

内心の位置ベクトルは，角の2等分線の性質からも導くことができますが，これも分かりやすい方法です。

さて，次はこんな問題です。

例題3 $\triangle OAB$ の重心 G を通る直線が辺 OA, OB とそれぞれ辺上の点 P, Q で交わっている。
$\overrightarrow{OP} = s\overrightarrow{OA}$，$\overrightarrow{OQ} = t\overrightarrow{OB}$ とし，$\triangle OAB$, $\triangle OPQ$ の面積をそれぞれ S, T とすれば，次の関係が成り立つことを示せ。

(1) $\dfrac{1}{s}+\dfrac{1}{t}=3$ (2) $\dfrac{4}{9}S \leq T \leq \dfrac{1}{2}S$ (京都大)

太郎 PQは重心Gを通る直線ですからs, tは連動し，sが$\dfrac{1}{2}$以上でないとQはOB上にありません。$s=\dfrac{1}{2}$のときPは中点Mにいて，このときQはBにいて$t=1$というふうです。

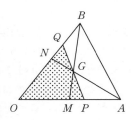

先生 そして，PQで区切られた小三角形の面積の最大・最小が問われています。予想はつくかな？

太郎 $s=\dfrac{1}{2}$のとき中線BMで，そこから$s=1$まで動いて，これも中線ANです。これらぎりぎりのとき，$\triangle OPQ$の面積Tは最大となり，Sのちょうど$\dfrac{1}{2}$です。

先生 最小となるのは？

太郎 よくは分かりませんが，PGQが辺ABと平行になるときかな？ このとき$s=t=\dfrac{2}{3}$ですから，確かに$T=\dfrac{4}{9}S$となります。

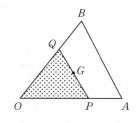

先生 じゃあ，問題を解いていきましょう。

太郎 まずs, tの範囲は，連動していて$\dfrac{1}{2} \leq s \leq 1, 1 \geq t \geq \dfrac{1}{2}$です。このとき，$PQ$より左側は三角形$\triangle OPQ$を作ります。重心$G$を要に$P, Q$を見ると，$\overrightarrow{GQ}=k\overrightarrow{GP}$ ($k<0$)と置けるから，

$\overrightarrow{OQ}-\overrightarrow{OG}=k(\overrightarrow{OP}-\overrightarrow{OG})$ より $\overrightarrow{OQ}-k\overrightarrow{OP}=(1-k)\overrightarrow{OG}$

よって，$t\overrightarrow{OB}-ks\overrightarrow{OA}=\dfrac{1}{3}(1-k)(\overrightarrow{OA}+\overrightarrow{OB})$

$\overrightarrow{OA}, \overrightarrow{OB}$は平行でない（独立）から両辺の係数を比べると，

第4章 重心から眺めたベクトルの世界

$$t = \frac{1}{3}(1-k) \quad \cdots\cdots\cdots ①, \quad -ks = \frac{1}{3}(1-k) \quad \cdots\cdots\cdots ②$$

① − ② より $t + ks = 0$
ここに①から得られる $k = 1 - 3t$ を代入して

$$t + s = 3st \quad \therefore \frac{1}{s} + \frac{1}{t} = 3$$

(2) は,$\angle AOB = \theta$ とおくと,面積について

$$S = \frac{1}{2} | \overrightarrow{OA} \| \overrightarrow{OB} | \sin\theta$$

また,$T = \frac{1}{2} | \overrightarrow{OP} \| \overrightarrow{OQ} | \sin\theta = \frac{1}{2} st | \overrightarrow{OA} \| \overrightarrow{OB} | \sin\theta = stS$

だから $\dfrac{T}{S} = st$

よって,(1) の条件のもとで,この st の最大値・最小値を求めることになりました。
まず,相加平均と相乗平均の不等式から

$$3 = \frac{1}{s} + \frac{1}{t} \geq 2\sqrt{\frac{1}{st}} = \frac{2}{\sqrt{st}} \quad \therefore \sqrt{st} \geq \frac{2}{3}$$

よって,$st \geq \dfrac{4}{9}$

等号は $\dfrac{1}{s} = \dfrac{1}{t}$ のとき,すなわち $s = t = \dfrac{2}{3}$ のとき成り立ちます。あれ,簡単そうな最大値がうまく言えない。困ったな。

先生 目標が分かっているのだから,$\dfrac{1}{2} - st \geq 0$ を示したらどうかな。

太郎 そういう手があったか。
じゃあ,$\dfrac{1}{t} = 3 - \dfrac{1}{s} = \dfrac{3s-1}{s}$ だから

$$\frac{1}{2} - st = \frac{1}{2} - \frac{s^2}{3s-1} = \frac{(1-s)(2s-1)}{2(3s-1)}$$

$\dfrac{1}{2} \leq s \leq 1$ より,この値は $s = \dfrac{1}{2}$,1 のとき 0 となり,

他の場合は正だから，st の最大値は $\dfrac{1}{2}$ です。

よって，$\dfrac{4}{9} \leq st \leq \dfrac{1}{2}$ すなわち $\dfrac{4}{9} \leq \dfrac{T}{S} \leq \dfrac{1}{2}$

が示せました。

先生 (2)で，$\dfrac{1}{s}+\dfrac{1}{t}=3$ から $\dfrac{4}{9} \leq st \leq \dfrac{1}{2}$ を導くところ，$\dfrac{1}{s}$, $\dfrac{1}{t}$ が分数なのが面倒だったかな。分数を回避する手だてもあるけれど……。

太郎 では，$\dfrac{1}{s}=x$, $\dfrac{1}{t}=y$ と置き換えてみます。すると，

$2 \geq x \geq 1$, $1 \leq y \leq 2$ で，$\dfrac{1}{s}+\dfrac{1}{t}=3$ は $x+y=3$。

$st=\dfrac{1}{xy}$ だから st と xy は最大・最小が入れ替わるだけだ。

よって，$xy = x(3-x) = -x^2+3x$
$\qquad\qquad = -\left(x-\dfrac{3}{2}\right)^2 + \dfrac{9}{4}$

$1 \leq x \leq 2$ のとき，この2次関数は $x=1$ または2で最小値2を，$x=\dfrac{3}{2}$ で最大値 $\dfrac{9}{4}$ を取るから，

$\quad 2 \leq xy \leq \dfrac{9}{4}$ すなわち $\dfrac{4}{9} \leq st \leq \dfrac{1}{2}$

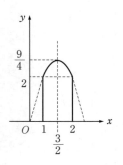

質点の重心とベクトル

先生 数学の特徴は抽象化・形式化にあり，それによって数理の仕組みを代数的なシステムの中に置くことができるという話をしましたが，ベクトルの概念が立ち上がってくる段階では，物理的な現象に目が向けられました。古代から考えられていた方法ですが，それは中身の詰まった板とか剛体では

なく、もっと簡単で単純な、質量を持ったいくつかの点についての釣り合いの中心（質量中心）を考え、それをベクトルでモデル化するという話です。名前を挙げればガリレオ（1564〜1642）からチェバ（1647〜1734）、ヴァリニョン（1654〜1722）などがすぐ挙がりますが、極め付きはメービウス（1790〜1868）です。彼は1827年『重心算』という一冊の本を刊行し、重心の概念を幾何学に利用する方法を示しました。そこで、私たちもメービウスに倣って、物体の釣り合いからの発想によるベクトル代数——物理では「質点の力学」と言われるもの——の入り口を覗いてみたいと思います。メービウスはさらに重心座標の概念を得て、それを利用してベクトル力学を展開していますが、そこまでは立ち入りません。

さて、3点 A, B, C にそれぞれ l, m, n の質量が置かれているとします。

このとき、これら3質点の質量が集中すると考えられる点（**質量中心**、これを数学では**加重重心**という）の位置を求めてください。

太郎 釣り合いの中心を素直に求めればいいですか？

先生 ええ、それで結構です。

太郎 それなら、え〜と、3点を同時に扱うのは難しいから、A はひとまずおいて、まず B と C で考えます。

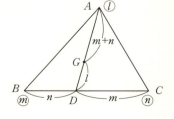

B に m、C に n の質量が置かれたとき、これら2点の重心は線分 BC を逆比 $n:m$ に分ける点ですから、それを D と

し，位置ベクトルの始点 O を任意にとると，

$$\overrightarrow{OD} = \frac{m\overrightarrow{OB}+n\overrightarrow{OC}}{n+m}$$

と書けます。そして，この仮想質点 D に $m+n$ の質量があると考えられます。

次に，全体の重心 G の位置は，点 A に l，点 D に $m+n$ の質量があることから，線分 AD を $m+n:l$ の比に分ける点として

$$\overrightarrow{OG} = \frac{l\overrightarrow{OA}+(m+n)\overrightarrow{OD}}{(m+n)+l}$$

が得られます。

これに，$\overrightarrow{OD}$ を代入して，G の位置ベクトルが

$$\overrightarrow{OG} = \frac{l\overrightarrow{OA}+m\overrightarrow{OB}+n\overrightarrow{OC}}{l+m+n} \quad \cdots\cdots(*)$$

と求まります。

先生 求める順序を変えて，たとえば辺 AC の方から始めても同じ式が得られることが分かるね。

太郎 ええ，G の位置は求める順序によりません。

先生 質量 l とベクトル $\overrightarrow{OA}$ の積は，O を中心とする質点 A の**モーメント**と呼ばれています。$(*)$ の分母を払って，

$$l\overrightarrow{OA} + m\overrightarrow{OB} + n\overrightarrow{OC} = (l+m+n)\overrightarrow{OG} \quad \cdots\cdots(*)'$$

の形にしておくと，左辺は各質点 A, B, C の始点 O を中心とするモーメントの和，右辺は重心 G のモーメントで，G に荷重の和 $l+m+n$ が懸かって釣り合っている感じがよく掴めます。また，$(*)'$ をさらに

$$l(\overrightarrow{OA} - \overrightarrow{OG}) + m(\overrightarrow{OB} - \overrightarrow{OG}) + n(\overrightarrow{OC} - \overrightarrow{OG}) = \vec{0}$$

とすると，$l\overrightarrow{GA} + m\overrightarrow{GB} + n\overrightarrow{GC} = \vec{0} \quad \cdots\cdots(*)''$

となりますが，これは重心 G を中心とする各質点のモーメ

ントの和は $\vec{0}$ であることを示し,物理上の現実をうまく表現しているといえます。

太郎 A, B, C に等質量が負荷されている場合($l = m = n$ の場合)は,

$$\vec{OG} = \frac{\vec{OA} + \vec{OB} + \vec{OC}}{3}$$

$$\vec{OA} + \vec{OB} + \vec{OC} = 3\vec{OG}$$

$$\vec{GA} + \vec{GB} + \vec{GC} = \vec{0}$$

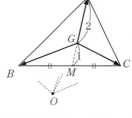

となり,これは普通の $\triangle ABC$ の重心 G が満たす式ですね。

先生 初めに見た板の重心と,質点の重心は異なる概念で,板の方がずっと難しいわけですが,三角形の場合には両者は一致します。

太郎 内部が等質量を帯びた質点で充填された三角形が板三角形ですが,これとたった3点 A, B, C に等しい質量が付されただけの質点三角形の重心が一致するのだから嬉しいですね。

先生 さて,練習問題です。

問 平面上に3点 A, B, C があり,点 P が条件式
$$4\vec{PA} + 3\vec{PB} + 2\vec{PC} = \vec{0}$$
を満たすとき,点 P は A, B, C にそれぞれ 4, 3, 2 の質量が置かれた場合の重心の位置にあることを示せ。

太郎 証明には,質点の重心(加重重心)の知識を利用するのでしょうが,どういう方針をとったらいいでしょうか?

先生 同一法によります。

太郎 A, B, C にそれぞれ 4, 3, 2 の質量が置かれていると

し，その加重重心をGとします。点Pの位置はまだ不明ですが，これを中心にモーメントを考えると，

$$4\overrightarrow{PA} + 3\overrightarrow{PB} + 2\overrightarrow{PC} = 9\overrightarrow{PG}$$

が成り立ちます。ところが，$4\overrightarrow{PA} + 3\overrightarrow{PB} + 2\overrightarrow{PC} = \vec{0}$ というのですから $\vec{0} = 9\overrightarrow{PG}$ ∴ $\overrightarrow{PG} = \vec{0}$

よって，$P=G$ であることが分かります。

先生 Pの位置を具体的に言ってください。

太郎 はい，線分BCを$2:3$の比に内分する点をDとすると，この点に5の質量があると仮想できますから，求める点PはADを$5:4$の比に内分する位置にあります。

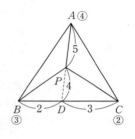

先生 右図のような針金の先A, B, Cにそれぞれ$4, 3, 2$の錘をつけたモビールを真上から見たときの様子を想像してください。

太郎 $BD:DC = 2:3$, $AP:PD = 5:4$の比は保たれますが，BC, ADの針金は可動だから3点A, B, Cも動きますが，バランス点（加重重心）は保たれます。

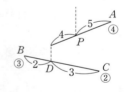

　針金の長さも可変にできるのですね。

先生 その通りです。同じ設定で，$\triangle PBC$, $\triangle PCA$, $\triangle PAB$の面積比を求めさせる問題もよく目にしますが，面積比だと中身の詰まった板三角形をイメージしがちですが，そうではありません。この場合，頂点A, B, Cにそれぞれ$4, 3, 2$の質量を与えたときの加重重心をPとしたとき，小三角形の面積比は

$$\triangle PBC : \triangle PCA : \triangle PAB = 4 : 3 : 2$$

であるというだけです。

太郎 このような面積比をもつ一様な板三角形が P 点で釣り合うということではないのですね。

先生 質量 l, m, n を固定すると，モビールのように A, B, C は可変となりますが，A, B, C に対して P は一定の位置を占めます。しかし，普通は A, B, C を固定して質量 l, m, n を可変にし，そのとき式 $l\overrightarrow{PA} + m\overrightarrow{PB} + n\overrightarrow{PC} = \vec{0}$ によって定まる P の位置を問題にして，

"点 P が正数 l, m, n に対し，条件式
$$l\overrightarrow{PA} + m\overrightarrow{PB} + n\overrightarrow{PC} = \vec{0} \text{ を満たす"}$$
⇔ "点 P は，A, B, C に l, m, n の質量を
置いたときの加重重心"

であるわけです。

しかし，数学では物理的イメージを抜いて，単に
 ⇔ "点 P は，$\triangle ABC$ の内部のある一定点"
のように形式化して表現します。この証明は後の演習問題でやってもらいます。しかしこれも，質点イメージを持って眺める方がしっくり理解できるでしょう。

また，さらにこれを n 質点に拡張して，n 個の点 $A_1, A_2, \cdots, A_n$ にそれぞれ $m_1, m_2, \cdots, m_n$ の質量を置き，これら n 質点に関する加重重心を考えたりします。その加重重心を G とすれば，

$$m_1\overrightarrow{OA_1} + m_2\overrightarrow{OA_2} + \cdots + m_n\overrightarrow{OA_n} = (m_1 + m_2 + \cdots + m_n)\overrightarrow{OG},$$
$$m_1\overrightarrow{GA_1} + m_2\overrightarrow{GA_2} + \cdots + m_n\overrightarrow{GA_n} = \vec{0}$$

などが成り立ちます。

これも求める順序によらず，始点の定め方によらず成り立つことはもちろんです。

太郎 四角形 $ABCD$ の各頂点にそれぞれ 1 の質量が置かれた場合の重心 G は，始点の取り方によらず

$$\vec{OG} = \frac{\vec{OA}+\vec{OB}+\vec{OC}+\vec{OD}}{4} \quad \text{と書け,}$$

また，G から頂点を見ると $\vec{GA} + \vec{GB} + \vec{GC} + \vec{GD} = \vec{0}$ となるのですね。

先生 これを空間で考えたとき，$ABCD$ は四面体となります。

このとき，G は四面体 $ABCD$ の重心であると，数学では言います。

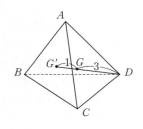

四面体の各頂点 A, B, C, D に 1 ずつの質量が振り当てられているとします。面 ABC の重心を G' とすると，G' にそれぞれの質量の和 3 が集中していると考えられるから，これを四面体 $ABCD$ の重心 G から見ると，

$$\vec{GA} + \vec{GB} + \vec{GC} = 3\vec{GG'}$$

さらに，頂点 D を加えて G' と D を G から見ると，

$$3\vec{GG'} + \vec{GD} = \vec{0}$$

よって，$\vec{GA} + \vec{GB} + \vec{GC} + \vec{GD} = \vec{0}$ となるということですが，この過程から四面体 $ABCD$ の重心 G は DG' を $3:1$ に内分する位置にあることが分かります。

太郎 この道筋なら，重心のベクトル表現が自然に平面から空間へと拡張されるのだなと実感できます。

先生 数学では物理から質点のイメージを借りているだけで，実際に点たちに質量を付けて実験しているわけではありません。頭で考える仮想の世界での話です。

第4章 重心から眺めたベクトルの世界

次は，まさにそういう例です。

問 △ABCの内心をIとすると，$a\overrightarrow{IA}+b\overrightarrow{IB}+c\overrightarrow{IC}=\vec{0}$ が成り立つことを示せ。

内心Iは三角形の頂角の2等分線の交点ですから，まずは2等分線の性質に注目することです。

太郎 頂角Aの2等分線をADとすると，

$BD:DC=c:b$

が成り立ちます。

先生 そうすると，頂点B, Cにいかほどの質量を置けばいいだろう？

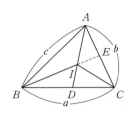

太郎 線分比から，Bにb, Cにcです。

同様に，角Bの2等分線BEからは$CE:EA=a:c$なので，Cにc, Aにaで，これはCに共にcの質量を置くことになりぴったり繋がります。

結局，各頂点A, B, Cに辺の長さに等しい分のa, b, cの質量を付けたときの加重重心の位置にIがあるわけですから

"$a\overrightarrow{IA}+b\overrightarrow{IB}+c\overrightarrow{IC}=\vec{0}$ が成り立つ"

ということが言えます。

先生 △ABCの各頂点A, B, Cに任意の質量を置く（それをl, m, nとする）と，加重重心として重心Gが定まります。

このとき，AG, BG, CGの延長が辺BC, CA, ABと交わる点をそれぞれP, Q, Rとすると，

$AR:RB=m:l$,

$BP:PC=n:m$,

$CQ:QA=l:n$ ですから,

$$\frac{AR}{RB}\cdot\frac{BP}{PC}\cdot\frac{CQ}{QA}=\frac{m}{l}\cdot\frac{n}{m}\cdot\frac{l}{n}=1$$

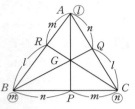

が成り立つことがすぐ分かります。きっと，力学者だったチェバさんはこんなことから自分の名前で呼ばれる有名な"チェバの定理"を見つけたのでしょう。でも，いったん見つけてしまったら，自分がどのようにしてそれを見つけたかは隠して，数学の定理として発表したことでしょうね。定理というのは，発見するのは大変ですが，発見してしまえばそれを数学的に証明するのは比較的簡単なものです。何食わぬ顔をして，数学的証明をつけたことでしょう。

太郎 AP, BQ, CR が1点で交わる

$$\Leftrightarrow \quad \frac{AR}{RB}\cdot\frac{BP}{PC}\cdot\frac{CQ}{QA}=1$$

高1で勉強しました。でも，ひと昔前は中学でやったのだとか……。

先生 後でベクトルを利用して証明をしてもらいますが，ここではこんな問題をやってみましょう。元々はベクトルの問題というわけではありませんが……。

例題 4 △ABC 内の1点を P とし，AP, BP, CP の延長と辺 BC, CA, AB の交点をそれぞれ D, E, F とするとき，次の事柄を示せ。

(1) $\dfrac{AD}{PD}+\dfrac{BE}{PE}+\dfrac{CF}{PF}\geq 9$

(2) 上の不等式で等号が成り立つのは，P が△ABC の重心

に位置する場合である。

太郎 P を，頂点 A, B, C にそれぞれ l, m, n の荷重を置いたときの加重重心と考えます。このとき，

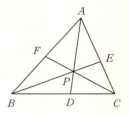

$$|l\overrightarrow{PA}| = |(m+n)\overrightarrow{PD}|,$$
$$|m\overrightarrow{PB}| = |(n+l)\overrightarrow{PE}|,$$
$$|n\overrightarrow{PC}| = |(l+m)\overrightarrow{PF}| \text{ ですから,}$$

$$\frac{AP}{PD} = \frac{m+n}{l}, \quad \frac{BP}{PE} = \frac{n+l}{m}, \quad \frac{CP}{PF} = \frac{l+m}{n}$$

よって，$\dfrac{AD}{PD} = \dfrac{l+m+n}{l}, \quad \dfrac{BE}{PE} = \dfrac{l+m+n}{m},$

$$\frac{CF}{PF} = \frac{l+m+n}{n}$$

ですね。これらを全部加えると，分子が共通なので

$$\frac{AD}{PD} + \frac{BE}{PE} + \frac{CF}{PF} = (l+m+n)\left(\frac{1}{l} + \frac{1}{m} + \frac{1}{n}\right)$$

となりますが，右のカッコ内の処理をどうしようかと……。

先生 全部を一気にやっつけるのにうってつけの有名不等式があります。

コーシーの不等式

$$(a_1^2 + a_2^2 + a_3^2)(b_1^2 + b_2^2 + b_3^2) \geq (a_1b_1 + a_2b_2 + a_3b_3)^2$$

に，$a_1 = \sqrt{l}, a_2 = \sqrt{m}, a_3 = \sqrt{n}$ と $b_1 = \dfrac{1}{\sqrt{l}}, b_2 = \dfrac{1}{\sqrt{m}},$

$b_3 = \dfrac{1}{\sqrt{n}}$ を当てはめるのです。

太郎 すると，

$$(l+m+n)\left(\frac{1}{l}+\frac{1}{m}+\frac{1}{n}\right) \geq (1+1+1)^2$$
$$\therefore (l+m+n)\left(\frac{1}{l}+\frac{1}{m}+\frac{1}{n}\right) \geq 9$$

すなわち, $\dfrac{AD}{PD}+\dfrac{BE}{PE}+\dfrac{CF}{PF} \geq 9$ です。

等号は, $\sqrt{l}:\sqrt{m}:\sqrt{n} = \dfrac{1}{\sqrt{l}}:\dfrac{1}{\sqrt{m}}:\dfrac{1}{\sqrt{n}}$ より $l=m=n$ で成立し, P が $\triangle ABC$ の重心に位置するとき, 等号が成り立つことが分かります。

先生 相加平均・相乗平均の不等式を利用してもできます。

$$\frac{l+m+n}{3} \geq \sqrt[3]{lmn} \text{ より } l+m+n \geq 3\cdot\sqrt[3]{lmn}$$

また, $\dfrac{1}{l}, \dfrac{1}{m}, \dfrac{1}{n}$ にも相加・相乗の不等式を利用すると,

$$\frac{1}{l}+\frac{1}{m}+\frac{1}{n} \geq \frac{3}{\sqrt[3]{lmn}}$$

これらを掛け合わせると,
$$(l+m+n)\left(\frac{1}{l}+\frac{1}{m}+\frac{1}{n}\right) \geq 9 \text{ です。}$$

さて, 締めくくりは, この問題にしましょう。

例題 5 四角形 $ABCD$ の対角線の交点を O とし, ここに位置ベクトルの始点をとり, $A(\vec{a})$, $B(\vec{b})$, $C(\vec{c})$, $D(\vec{d})$, $\overrightarrow{OG}=\dfrac{\vec{a}+\vec{b}+\vec{c}+\vec{d}}{4}$ とおく。$\triangle ABD$ の重心を G_1, 面積を S_1, $\triangle CBD$ の重心を G_2, 面積を S_2 とし, 線分 G_1G_2 を $S_2:S_1$ の比に内分する点を G' とすると, $OG:GG'=3:1$ であることを示せ。

太郎 これって,簡単に言うと,質点四角形$ABCD$の重心をG,板四角形$ABCD$の重心をG'とすると,$OG:GG'=3:1$であり,"質点四角形と板四角形の重心は異なることを証明せよ"という問題ですね。

先生 その通りです。

三角形では,質点三角形と板三角形の重心は一致しますので,G_1, G_2は板三角形の重心と見ていいです。

太郎 で,G_1, G_2にそれぞれの面積分の荷重が懸かっていると考えれば,G'は板四角形の重心と見なせる。こういうわけですね。

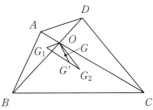

証明です。まず,

$OA:OC=1:s$, $OB:OD=1:t$

とおきます。すると,$\vec{c}=-s\vec{a}$, $\vec{d}=-t\vec{b}$ ですから,

$$\overrightarrow{OG} = \frac{(1-s)\vec{a}+(1-t)\vec{b}}{4} \quad \cdots\cdots ①$$

で,$\overrightarrow{OG_1} = \dfrac{\vec{a}+\vec{b}+\vec{d}}{3} = \dfrac{\vec{a}+(1-t)\vec{b}}{3}$

$\overrightarrow{OG_2} = \dfrac{\vec{b}+\vec{c}+\vec{d}}{3} = \dfrac{-s\vec{a}+(1-t)\vec{b}}{3}$

G'は線分G_1G_2を$S_2:S_1=s:1$の比に内分するから

$$\overrightarrow{OG'} = \frac{\overrightarrow{OG_1}+s\overrightarrow{OG_2}}{s+1}$$

$$= \frac{1}{s+1}\left\{\frac{\vec{a}+(1-t)\vec{b}}{3}+\frac{-s^2\vec{a}+s(1-t)\vec{b}}{3}\right\}$$

$$= \frac{(1-s)\vec{a}+(1-t)\vec{b}}{3} \quad \cdots\cdots ②$$

①,②より $4\overrightarrow{OG} = 3\overrightarrow{OG'}$ よって,$OG:OG' = 3:4$

∴ $OG:GG' = 3:1$

先生 平行四辺形以外では質点四角形と板四角形の重心は一致しないということです。五角形以上の板だと,その重心はもっと複雑になります。

演習問題

1. 点 P が $\triangle ABC$ の内部にあるための必要十分条件は,適当な正数 l, m, n によって $l\overrightarrow{PA} + m\overrightarrow{PB} + n\overrightarrow{PC} = \vec{0}$ と書けることである。これを証明せよ。

2. $\triangle ABC$ の辺 BC, CA, AB をそれぞれ $m_1:n_1, m_2:n_2, m_3:n_3$ の比に分ける点を P, Q, R とする。このとき,3直線 AP, BQ, CR が1点で交わるための条件は,

$$\frac{m_1}{n_1} \cdot \frac{m_2}{n_2} \cdot \frac{m_3}{n_3} = 1 \quad (チェバの定理とその逆)$$

であることを証明せよ。

※解答はP228～231です。

第5章
ベクトルの内積，再び

先生 一見ベクトルの問題に見えなくても，ベクトルを利用してきれいに解ける問題もあります。

例題 1 原点を中心とする半径 1 の円 O の周上に定点 A と動点 P がある。

(1) 円 O の周上に 2 点 B, C を，$PA^2 + PB^2 + PC^2$ が P の位置によらず一定であるようにとる。どのようにとったらよいか。

(2) 点 B, C が上の条件を満たすとき，$PA + PB + PC$ の最大値と最小値を求めよ。

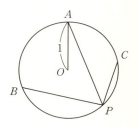

(一橋大)

太郎 (1) は余弦定理，(2) は正弦定理を利用して三角関数で表し，加法定理などの公式を用いて解いていく問題のように見えますが……。

先生 数学の問題って，何を使ってやりなさいというような指定は普通ないよね。今まで勉強した知識を総動員して解くにしても，その全てを使うわけではない。何を利用して解けばよいか，それを判断する知性を試されているともいえます。

この問題の場合，(2) はともかく (1) についてはベクト

ルの内積を利用する解法が最良だと私は思っています。

太郎 問題の意味もいまいち分からないのですが,Pは動点でAは定点,B, Cも定点と思っていいのですね。

先生 定点B, Cをうまく選べば,Pが円周上のどこにいようが,距離の平方和$PA^2 + PB^2 + PC^2$を一定にできる。B, Cをどのように定めたらよいかという問題です。

太郎 下手に定めたら,$PA^2 + PB^2 + PC^2$は一定にならない……。とにかく$PA^2 + PB^2 + PC^2$をベクトルに直して計算してみますね。

$PA^2 + PB^2 + PC^2$
$= |\overrightarrow{PA}|^2 + |\overrightarrow{PB}|^2 + |\overrightarrow{PC}|^2$
$= |\overrightarrow{OA} - \overrightarrow{OP}|^2 + |\overrightarrow{OB} - \overrightarrow{OP}|^2 + |\overrightarrow{OC} - \overrightarrow{OP}|^2$
$= |\overrightarrow{OA}|^2 + |\overrightarrow{OB}|^2 + |\overrightarrow{OC}|^2$
$\quad - 2(\overrightarrow{OA} + \overrightarrow{OB} + \overrightarrow{OC}) \cdot \overrightarrow{OP} + 3|\overrightarrow{OP}|^2$

ですが,A, B, C, Pはどれも単位円周上にあるので,$|\overrightarrow{OA}|^2 = \cdots = |\overrightarrow{OP}|^2 = 1$ですから,

$PA^2 + PB^2 + PC^2 = 6 - 2(\overrightarrow{OA} + \overrightarrow{OB} + \overrightarrow{OC}) \cdot \overrightarrow{OP}$

となります。

先生 これがPの位置によらず一定であるための条件は何だろう?

太郎 $\overrightarrow{OA} + \overrightarrow{OB} + \overrightarrow{OC}$は定ベクトルですが,$\overrightarrow{OP}$は$P$とともに向きを変えるから,$\overrightarrow{OA} + \overrightarrow{OB} + \overrightarrow{OC} = \vec{0}$でなければなりません。

先生 では,このような条件を満たす点Oは,$\triangle ABC$に対してどんな点だろう?

太郎 えっ,外心Oがですか?

先生 Aは単位円周上に固定されていますが,B, Cは定点ではあるけれども今は円周上の不明点です。そしてB, Cに

対し，$\vec{OA} + \vec{OB} + \vec{OC} = \vec{0}$ を満たしていますね。

太郎 つまり重心に目をつけろということですね。$\triangle ABC$ の重心を G とすると，$\vec{OG} = \dfrac{\vec{OA} + \vec{OB} + \vec{OC}}{3}$ だから，$\vec{OA} + \vec{OB} + \vec{OC} = \vec{0}$ というのは，$\vec{OG} = \vec{0}$ を意味します。重心 G が外心 O に一致していることを読み取ればいいのですね。

先生 その通りです。

太郎 そして，その $\triangle ABC$ は正三角形であるというわけですね。

先生 これで（1）ができました。このように，距離の平方がらみの問題はベクトルの内積計算がよくなじむのです。

次の（2）は三角関数でやるのがいいかな……。

角 α の設定がカギとなります。

太郎 正三角形 ABC の外接円周上を点 P が動くとき，$PA + PB + PC$ の最大値と最小値を三角関数を利用して求めるのですね。

動点 P を劣弧 BC 上にとって，$\angle PBC = \alpha$ とおきます。

すると $0° \leq \alpha \leq 60°$ で，正弦定理より $CP = 2\sin\alpha$

また，$\angle ABP = 60° + \alpha$，$\angle BAP = 60° - \alpha$ だから

$AP = 2\sin(60° + \alpha)$, $BP = 2\sin(60° - \alpha)$

よって，$AP + BP + CP$
$= 2\{\sin(60° + \alpha) + \sin(60° - \alpha) + \sin\alpha\}$

加法定理によって展開し，整理すると

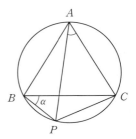

$$AP+BP+CP=4\left(\frac{\sqrt{3}}{2}\cos\alpha+\frac{1}{2}\sin\alpha\right)$$
$$=4\sin(60°+\alpha)$$

合成

これより，$AP+BP+CP$ が最大となるのは，$\alpha=30°$ すなわち P が弧 BC の中点に位置するとき最大で，最大値は 4。

また，最小となるのは，$\alpha=0°$ または $\alpha=60°$ すなわち P が頂点 B, C に位置するときで，最小値は $2\sqrt{3}$ です。

先生 よくできました。この (2) は，初等幾何の"正三角形 ABC の外接円の劣弧 BC 上の点 P に対し，つねに $PB+PC=PA$ が成り立つ"という定理をベースに仕組まれた問題です。

太郎 えっ，そんなことが成り立つのですか。

だったら，$PA+PB+PC=2PA$ だから，最大値は PA が直径となるときで 4，最小値は P が B か C にあるときで $2BA=2\sqrt{3}$ と，簡単にできてしまいます。

先生 証明は，トレミーの定理を知っていれば，前ページの図において $PB\times CA+PC\times AB=BC\times PA$ が成り立つことを確認し，ここで $CA=AB=BC$ とおいて $PB+PC=PA$ とするのが早いけれど，三角関数で直接確かめることももちろんできます。

さて，$\triangle ABC$ は正三角形という条件をはずしたとき，この普通の $\triangle ABC$ に対し，点 P が $PA^2+PB^2+PC^2$ を一定にするように動くとき，P はどのような図形上を動くだろうか？

次は，それを拡張した問題です。

例題 2 与えられた平面上の $\triangle ABC$ に対し，和
$$PA^2+2PB^2+3PC^2$$
が一定となるような点 P の軌跡を求めよ。

第5章　ベクトルの内積，再び

太郎　距離の平方にはベクトルの内積がよく似合うのでしたね。

先生　位置ベクトルの始点 O をどこか適当なところに定め，内積の計算に持ち込みましょう。

太郎　ということは……。

$$\begin{aligned}
&PA^2 + 2PB^2 + 3PC^2 \\
&= |\overrightarrow{PA}|^2 + 2|\overrightarrow{PB}|^2 + 3|\overrightarrow{PC}|^2 \\
&= |\overrightarrow{OA} - \overrightarrow{OP}|^2 + 2|\overrightarrow{OB} - \overrightarrow{OP}|^2 + 3|\overrightarrow{OC} - \overrightarrow{OP}|^2 \\
&= |\overrightarrow{OA}|^2 + 2|\overrightarrow{OB}|^2 + 3|\overrightarrow{OC}|^2 + 6|\overrightarrow{OP}|^2 \\
&\quad - 2(\overrightarrow{OA} + 2\overrightarrow{OB} + 3\overrightarrow{OC}) \cdot \overrightarrow{OP}
\end{aligned}$$

これで行き止まりです。

先生　内積部分を 0 にできないかな？

太郎　えっ？

先生　つまり，$\overrightarrow{OA} + 2\overrightarrow{OB} + 3\overrightarrow{OC} = \vec{0}$ となるようにうまく始点 O を選べないかということです。

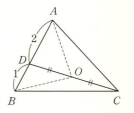

太郎　ああ，それなら前回学習したように，A, B, C の各点に $1, 2, 3$ の荷重が置かれたときの重心の位置に O を定めればそのようにできます。つまり，線分 AB を $2:1$ に内分する点を D とし，DC の中点に始点 O を選べば，$\overrightarrow{OA} + 2\overrightarrow{OB} + 3\overrightarrow{OC} = \vec{0}$ が成り立つようにできます。

先生　そうすると，このとき

$$PA^2 + 2PB^2 + 3PC^2 = OA^2 + 2OB^2 + 3OC^2 + 6OP^2$$

となりますね。

太郎　そうなりますね。

先生 すると，仮定から左辺の $PA^2 + 2PB^2 + 3PC^2$ は定数で，右辺は $OA^2 + 2OB^2 + 3OC^2$ までは定数です……。

太郎 あ！ それなら，最後の OP^2 も定数でなければならない！

先生 ここで，$PA^2 + 2PB^2 + 3PC^2 = m^2$, $OA^2 + 2OB^2 + 3OC^2 = n^2$ とおいて，答案の体裁に整えると，$m^2 = n^2 + 6|\overrightarrow{OP}|^2$ より

$|\overrightarrow{OP}|^2 = \dfrac{m^2 - n^2}{6}$ となります。

太郎 よって，$m^2 - n^2 > 0$ なら

$|\overrightarrow{OP}| = \sqrt{\dfrac{m^2 - n^2}{6}}$ （一定）

だから，点 P は O を中心とする半径 $\sqrt{\dfrac{m^2 - n^2}{6}}$ の円周上を動きます。中心 O は，先ほど検討した特定な点です。

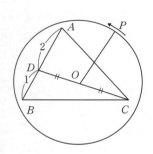

先生 $\overrightarrow{QA} + 2\overrightarrow{QB} + 3\overrightarrow{QC} = \vec{0}$ を満たす点 Q に始点 O を定めると，$\overrightarrow{OA} + 2\overrightarrow{OB} + 3\overrightarrow{OC} = \vec{0}$ となって式が簡単になるばかりでなく，これによって動点 P の動き方がはっきり分かってきます。

前回話したように，$l\overrightarrow{QA} + m\overrightarrow{QB} + n\overrightarrow{QC} = \vec{0}$ を満たす点 Q は，A, B, C のそれぞれに l, m, n の質量を与えたときの加重重心の位置にあります。

すると，平方和 $lPA^2 + mPB^2 + nPC^2$ が一定である点 P の軌跡は，一般に A, B, C の加重重心 Q を中心とする円であるといえるわけです。これは，逆も成り立ちます。

太郎 $\triangle ABC$ に対し，点 P が $PA^2 + PB^2 + PC^2$ を一定にするように動くなら，P は $\triangle ABC$ の（普通の）重心 G を中心と

する円周上を動くのですね。それで、△ABCが正三角形なら外心と重心は一致するから、点Pは△ABCの外接円と同心な円周上を動く。初めの問題の動点Pの条件は、ここまで緩めてもよかったのですね。

先生 その通りです。

例題3 平面上に $\vec{CA} \cdot \vec{AB} = 0$ を満たす△ABCがある。この平面上で、$\vec{PA} \cdot \vec{PB} + \vec{PB} \cdot \vec{PC} + \vec{PC} \cdot \vec{PA} = 0$ を満たす点Pの全体はどのような図形をなすか。

太郎 $\vec{CA} \cdot \vec{AB} = 0$ ですから∠BAC = 90°
位置ベクトルの始点をAに定めると良さそうですね。

先生 ∠BAC = 90°からの発想ですね。それもひとつの手だけれど、私ならBCの中点に始点Oを置きたいですね。

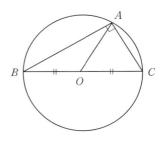

太郎 なるほど。

それだと、外接円の中心に始点を置くことになりますね。OA = OB = OC = R（半径）となって都合がいいわけですね。そして、

$$\vec{PA} \cdot \vec{PB} = (\vec{OA} - \vec{OP}) \cdot (\vec{OB} - \vec{OP})$$
$$= \vec{OA} \cdot \vec{OB} + |\vec{OP}|^2 - (\vec{OA} + \vec{OB}) \cdot \vec{OP}$$

などから、条件式は

$$\vec{OA} \cdot \vec{OB} + \vec{OB} \cdot \vec{OC} + \vec{OC} \cdot \vec{OA} + 3|\vec{OP}|^2$$
$$- 2(\vec{OA} + \vec{OB} + \vec{OC}) \cdot \vec{OP} = 0$$

となりますが、

外接円の半径を R とすると, $\vec{OC} = -\vec{OB}$ から
$$\vec{OA} \cdot \vec{OB} + \vec{OB} \cdot \vec{OC} + \vec{OC} \cdot \vec{OA}$$
$$= \vec{OA} \cdot \vec{OB} - |\vec{OB}|^2 - \vec{OB} \cdot \vec{OA} = -R^2$$
ですから, $3|\vec{OP}|^2 - 2(\vec{OA} + \vec{OB} + \vec{OC}) \cdot \vec{OP} = R^2$
と書けます。

先生 さらに△ABCの重心を G と置くと……。

太郎 $\vec{OA} + \vec{OB} + \vec{OC} = 3\vec{OG}$ ですから,
$$3|\vec{OP}|^2 - 6\vec{OG} \cdot \vec{OP} = R^2$$
ゆえに, $|\vec{OP}|^2 - 2\vec{OG} \cdot \vec{OP} = \dfrac{1}{3}R^2$
平方完成すると, $|\vec{OP} - \vec{OG}|^2 - |\vec{OG}|^2 = \dfrac{1}{3}R^2$

$$\therefore |\vec{GP}|^2 = \dfrac{1}{3}R^2 + |\vec{OG}|^2 = \dfrac{1}{3}R^2 + \left(\dfrac{1}{3}R\right)^2 = \dfrac{4}{9}R^2$$

よって, $|\vec{GP}| = \dfrac{2}{3}R$

これは, 動点 P が△ABCの重心 G を中心とする半径 $\dfrac{2}{3}R$ の円周上を動く(頂点 A を通る)ことを意味します。

これだと見通しよくなった気がします。

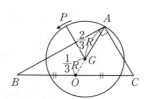

先生 初期設定は問題を解く上で非常に重要で, そこに解答者のセンスが現れます。常識的発想だからといって鵜呑みにせず, 別の視点から見直してみることも必要なのです。

太郎 決め付けないことが大事だということですか。

先生 そうね, 知識をうまく解法に結び付けていくとき, 惰性に流されない慎重さとともにね。

第5章　ベクトルの内積，再び

例題 4　△ABC の外心 O から直線 BC, CA, AB に下ろした垂線の足をそれぞれ P, Q, R とするとき，
$$\overrightarrow{OP} + 2\overrightarrow{OQ} + 3\overrightarrow{OR} = \vec{0}$$ が成立している。
(1) $\overrightarrow{OA}$, $\overrightarrow{OB}$, $\overrightarrow{OC}$ の間の関係式を求めよ。
(2) ∠A の大きさを求めよ。　　　　　　　　　　　（京都大）

太郎　(1) O は △ABC の外心ですから，

$$\overrightarrow{OP} = \frac{\overrightarrow{OB}+\overrightarrow{OC}}{2}$$

$$\overrightarrow{OQ} = \frac{\overrightarrow{OC}+\overrightarrow{OA}}{2}$$

$$\overrightarrow{OR} = \frac{\overrightarrow{OA}+\overrightarrow{OB}}{2}$$

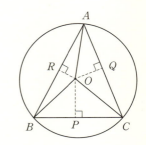

これらを $\overrightarrow{OP}+2\overrightarrow{OQ}+3\overrightarrow{OR}=\vec{0}$ に代入し，2倍して，
$$(\overrightarrow{OB}+\overrightarrow{OC})+2(\overrightarrow{OC}+\overrightarrow{OA})+3(\overrightarrow{OA}+\overrightarrow{OB})=\vec{0}$$
よって，$5\overrightarrow{OA}+4\overrightarrow{OB}+3\overrightarrow{OC}=\vec{0}$
この式から，今の計算を逆にたどって $\overrightarrow{OP}+2\overrightarrow{OQ}+3\overrightarrow{OR}=\vec{0}$ を得ることができるから，これが求める関係式です。
(2) は，∠A の大きさが中心角 BOC の半分だから，∠BOC を求めます。それには，内積 $\overrightarrow{OB}\cdot\overrightarrow{OC}$ を求めればいいから
(1) の結果より，$4\overrightarrow{OB}+3\overrightarrow{OC}=-5\overrightarrow{OA}$
$$\therefore |4\overrightarrow{OB}+3\overrightarrow{OC}|=5|\overrightarrow{OA}|$$
この両辺を2乗して
$$16|\overrightarrow{OB}|^2+24\overrightarrow{OB}\cdot\overrightarrow{OC}+9|\overrightarrow{OC}|^2=25|\overrightarrow{OA}|^2$$
外接円の半径を R とすると，

$$24\overrightarrow{OB} \cdot \overrightarrow{OC} = 25R^2 - 16R^2 - 9R^2 = 0$$

よって，$\overrightarrow{OB} \cdot \overrightarrow{OC} = 0 \quad \therefore \angle BOC = 90°$

したがって，$\angle A = 45°$ です。

先生 よどみなく見事にできました。

演習問題

1. 3点 A, B, C が点 O を中心とする半径1の円周上にあり，$5\overrightarrow{OA} + 4\overrightarrow{OB} + 3\overrightarrow{OC} = \vec{0}$ を満たしている。このとき，
(1) 内積 $\overrightarrow{OB} \cdot \overrightarrow{OC}$，$\overrightarrow{OC} \cdot \overrightarrow{OA}$，$\overrightarrow{OA} \cdot \overrightarrow{OB}$ を求めよ。
(2) $\triangle ABC$ の面積を求めよ。
(3) A から BC へ下ろした垂線 AH の長さを求めよ。

2. 1辺 a の正三角形 ABC の外接円周上の任意の点を P とする。このとき，つねに $PA^2 + PB^2 + PC^2 = 2a^2$ が成り立つことを示せ。

3. 2定点 A, B に対し，点 P が条件 $3AP^2 + BP^2 = AB^2$ を満たしながら動くとき，P の軌跡を求めよ。

4. $\triangle ABC$ の重心を G とするとき，等式
$$AB^2 + BC^2 + CA^2 = 3(GA^2 + GB^2 + GC^2)$$
が成り立つことを示せ。

5. 平面上に四角形 $ABCD$ があり，同じ平面上の任意の点 P について，つねに $PA^2 + PC^2 = PB^2 + PD^2$ が成り立つとき，四角形 $ABCD$ はどのような形か。

※解答はP231〜236です。

Interlude
ある予備校の講師控え室
若き同僚との対話から

Interlude
数の和・差からベクトルの和・差へ

講師B（以下B） どこかの女子高にも行っているんだって？

講師A（以下A） 定期テストで，
"△OABに対して

$\overrightarrow{OP} = s\overrightarrow{OA} + t\overrightarrow{OB},\ 0 \leq s \leq 1,\ 0 \leq t \leq 2$

を満たす点Pの存在範囲を図示せよ"
という問題を出した。

$\overrightarrow{OP} = s\overrightarrow{OA} + t\overrightarrow{OB},\ s+t \leq 1,\ s,\ t \geq 0$

に次いでの出題なんだ。こちらはできているのに，前者はすこぶる出来が悪かった。

B 前もって教えてないのだろ。教えてない問題を彼女たちに出すな。これ，鉄則でしょ。

A そうなんだけど，例えば"座標平面上の点$P(x, y)$で$0 \leq x \leq 1,\ 0 \leq y \leq 2$を満たす点Pの存在領域を図示せよ"と言ったら，右上図の斜線部と答えられていたからそれと同じ感覚でやってほしいと思って出題しただけなんだけど……。

ベクトルの加法と実数倍さえ分かっていれば，$s,\ t$の値をその範囲で色々に変えて
$\overrightarrow{OP} = 0.3\overrightarrow{OA} + 0.2\overrightarrow{OB},\ 0.5\overrightarrow{OA} + 1.5\overrightarrow{OB},$
$0.8\overrightarrow{OA} + 0.6\overrightarrow{OB},\ \cdots$

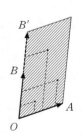

などによって、Pがどんな位置にあるかを考えていけば、自然に前ページ下のような領域が浮かぶと思ったのに、甘かったよ。

公式適用の問題はそこそこできているのに。

B s, t を動かして調べてみようという実験的な心構えに欠けているのはどうしてかな？　考えてみれば、平面上の領域の問題だって、教えてあるからできるだけなんじゃないかな。

そもそも、ベクトルの和と差を理解したからといって、位置ベクトルのことが分かるってわけないでしょ。"あるベクトル式を位置ベクトルにもつ点"がどこに存在するかなんて、認識の次元が1ランク違うのだから……。

"3個のおはじきと2個のおはじき、合わせると5個になるね"、"3個のおはじきから2個取ると1個残るね"。これで、小学生は3+2と3-2を理解したと思ったら大間違い。和と差にはもっと深い意味があるんだから。

おはじき3個持ってる子に、"ねえ、おはじき5個ちょうだい"って言ったら、"ダメ、だってあげられないもの"って言うよ。

A 小学生の理解としては、それで十分ですよ。3-5が理解できるのは中学生だもの。0を"何もないこと"、"空っぽのこと"だと理解している子に、"それから2を引きなさい"と言っても始まらない。

B もちろん。0というのは相対的基準点、そういう理解ができて、気温が-3度、海抜が-5メートルということも理解できる。"3個しかおはじきないから、2個分貸しといてね"と言えるのは、中学生の頭を持っている子だよね。そういうレベルになって3+2, 3-2の意味が本当に理解できる。

A 数直線のイメージの形成がいかに大切なことか，改めて思うよ。3+2, 3-2の3は基準点。+2に"そこから2増やす"，−2に"そこから2減らす"，数直線を基にしたそういう演算イメージが形成されなければ，和・差が本当に理解できたといえない。中学で負の数の足し算・引き算を教えられるとき，そうとう丁寧な説明がなされたはずだよ。

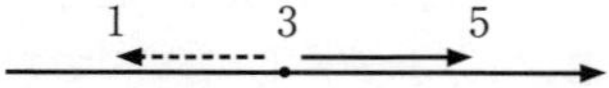

B そうだな。例えば数直線上で$A(2)$のとき，点$P(2+t)$は，tが$1≦t≦3$のときは下左図$B〜C$の位置に，$-2≦t≦-1$のときは下右図の$D〜E$の位置にある。

まさに，1直線上に限られたベクトルだ。

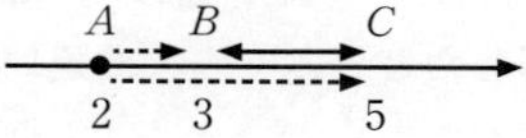

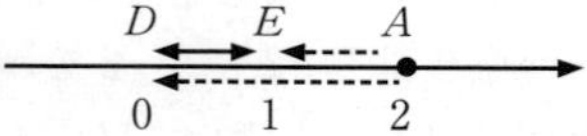

ベクトルの場合，もう少し自由なだけで，これと同じだ。飛行機が秒速100mの速度で北へ向かって飛行しているとき，偏西風が秒速20mで西から東へ吹いていると，飛行機は風に流されて右に示すような方向に進む。

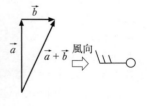

$\vec{a}+\vec{b}$が実際に飛行機が進む方向で，$|\vec{a}+\vec{b}|$がその速さとなる。

A 風も，向きと大きさがあるからベクトルなんだな。風力図はそれを模式的に表している。僕も，流れのある河を航行

する舟を例にやるけど，一見異なって感じられる2つのものを同じベクトルとしてとらえることに疑問は出ないかと思って説明しているけど，出てきませんね？

B 小学生ならすぐ手を挙げて質問してくるだろうが，高校生にもなると物理も勉強しているし，飛行機の場合ジェットエンジンで北へ100m/秒で進むことを，風によって同じだけ進んでいると置き換えるだけの知恵も働くだろうしね。

A こちらもすぐに思考実験に入ります。飛行機の例を使わせてもらうと，エンジンで1秒間北へ進んで（エンジンを止め），次に偏西風で東に20m進むとPに来るが，順序を逆にして先に偏西風で東に20m進んで（風を止め），1秒間エンジンを働かせ北へ100m進んでも同じ点Pに来ること，つまり$\vec{a}+\vec{b}=\vec{b}+\vec{a}$を確認して，それはエンジンと風が同時に1秒間働いて飛行機が$\overrightarrow{AP}$と進むことと同じだと考えられる。0.5秒だと$\overrightarrow{AP'}$で，1秒間だと$\overrightarrow{AP}=2\overrightarrow{AP'}$である，などとスカラー倍の意味付けもする……。

B 風ベクトルが加えられたり引かれたりすることによってどのような変位を受けるか，またその変位による機体の位置情報をどのように得るか，パイロットでない我々にもそれについての理解が必要とされる。

例えば，偏西風の影響のあるところを1時間航行し，そこを抜けてエンジンだけで2時間飛ぶと，右図のようなベクトル図が描ける。

A 点$A(\vec{a})$と定ベクトル$\vec{b}$に対し$\overrightarrow{OP}=\vec{a}+$

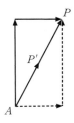

$t\vec{b}$ を満たす点 P は，t の値が $1 \leq t \leq 3$ のときは，右図 $C \sim D$ の範囲にいることを，しっかり理解できるか。そのとき，$\vec{b}$ は変位ベクトルと捉える。

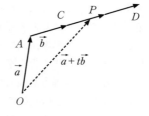

B 風だよね。t は時間とするのが自然だが，t が $1 \to 3$ と増えることは風量の増加であると見ることもできる。

ジャンプで葛西選手がメダルを逃したとき，「踏み切りのタイミングは合っていたのに，風を読み違えた」と言ったよね。ゴルフでも風を読まないと，ピタッとグリーンに載せられない。

A そう，$t\vec{b}$ を加えることの意味を把握することが重要だね。$A(\vec{a})$ は速度ベクトルと見るのでなく基準点で，そこに何か P がいることを，それに対し $+t\vec{b}$ は $\vec{b}$ 方向への P の変位，移動量を表すということの認識，t は時間と見なすのがいい。数直線だと向きは右か左だけだけど，ベクトルだと $\vec{b}$ によって向きも量も自在に変わる。そこが数直線よりベクトルが進化したところだよな。

B $|\vec{b}|$ がスケールの単位になっていて，t はその方向の直線上での座標となっていることの認識も大事な点だよね。

A 次に，$\vec{a}$ にもパラメーターの付いた $\overrightarrow{OP} = s\overrightarrow{OA} + t\overrightarrow{OB}$ の P についての説明をしなければならないわけだね。

まず $0 \leq s \leq 1$, $0 \leq t \leq 2$ とします。

初めに私が思ったようには簡単には理解されないことが分かったわけだから，丁寧にいかないと。

s, t は互いの値に影響されることなく独立に動ける。例えば $s + t = 1$ などとなっていたら，$s = 0.3$ なら t の値は $t = 0.7$

と規定されるが，この場合はそういうことはない。ただ，だからといって，s, t を変化したいように自由にさせていては，点 P も勝手気ままに動いて存在領域を把握しづらい。そこで，s, t は独立に自由に変われるけれど，まず s の値を $0 \leq s \leq 1$ の間でいったん固定してしまう（s さんに，"ちょっと 0.5 のところで止まっていてよ" と頼む）。そして，その間に t は自分の与えられた範囲を（0〜2 まで）動いてしまう。すると，点 P は図の線分 $A'B'$ 上を A' から B' まで動く。

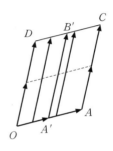

それが済んだら，s さんに次の所（例えば $s = 0.6$）にいてもらって，t はまた 0〜2 まで動く。そして，順次これを繰り返すと，s の値（$0 \leq s \leq 1$）によって，線分 $A'B'$ は OD から AC まで平行移動しながら順次動くから，結局点 P は平行四辺形 $OACD$ の内部および周上の領域を動くことがわかる。

B そこまで説明しないと，s, t の2変数の場合，本当には理解されないのだろうね。だけど，こういう根源的なことにまで遡っての説明を，生徒は喜んで聴いているかな？

A いや，それを望む生徒はもちろんいるでしょうが，これをやりだすと私語が多くなる。むしろ，どこにでもある例題形式の参考書にある問題をやっているときの方がずっと静か。それで，このような基本的なことはサッサと済ませて（あるいは素通りして），問題の解き方をどんどん練習するようにする人が多い。正直，その方が楽だし……。

B タイミングの問題もあるね。自分の弱点を知った今なら，しっかり聴くのじゃないかな。

A カリキュラムのルーチンに沿うだけでなく，顔色（理解度）を窺いながらチャンスを待つ，あるいはテストをやってゆさぶりをかけることも必要ということかな。
B こちらでは，パラメーター s, t について，点 P のこんな存在範囲を求める問題も演習します。

定点 A, B に対し，$\overrightarrow{OP} = s\overrightarrow{OA} + t\overrightarrow{OB}$, $2s + t = 2$, $s \geq 0$, $t \geq 0$ を満たす点 P の存在範囲を図示せよ。

A $2s + t$ と s, t に対称性がなく，しかも和が $=1$ になっていない。これをどう解かせようとするの？
B s と t はさっきのように独立でなく，s の値が決まると t の値も決まるから，実質は2変数でなく1変数です。こんなときは本当に1変数にしてあげます……と。
A $t = 2 - 2s$ より t を消去すると，
 $\overrightarrow{OP} = s\overrightarrow{OA} + (2 - 2s)\overrightarrow{OB}$
となるけど，$2 - 2s$ じゃ困るでしょ。
B 2 を $\overrightarrow{OB}$ に埋め込んで，処分します。
 $\overrightarrow{OP} = s\overrightarrow{OA} + (1 - s)(2\overrightarrow{OB})$
そこで，$2\overrightarrow{OB} = \overrightarrow{OB'}$ を満たす点を B' とすると
 $\overrightarrow{OP} = (1 - s)\overrightarrow{OB'} + s\overrightarrow{OA}$
 ………①

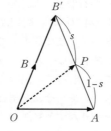

となるが，これは点 P が線分 $B'A$ を $s : 1 - s$ に分けることを示しているので，$0 \leq s \leq 1$ に注意すると，P は内分点で線分 $B'A$ 上を動くことが分かる。
A なるほどね。①をさらに変形して

$$\overrightarrow{OP} = \overrightarrow{OB'} + s(\overrightarrow{OA} - \overrightarrow{OB'}) = \overrightarrow{OB'} + s\overrightarrow{B'A}$$

とすると, B' にいた点 P が $+s\overrightarrow{B'A}$ ($0 \leq s \leq 1$) によって, s が 0 から 1 まで変わるとき, 線分 $B'A$ 上を B' から A まで変位していくことを見て取れるものね。

まさに風を知り, 風を読めだね。

B　$+s\overrightarrow{B'A}$ を風と感じて, 点 P を的確にドライブしてほしい。それを理解してもらいたい。

でもね, この問題, $2s+t=2$ の両辺を 2 で割って $s+\dfrac{t}{2}=1$ として, $\overrightarrow{OP}$ を

$$\overrightarrow{OP} = s\overrightarrow{OA} + \dfrac{t}{2}(2\overrightarrow{OB})$$

と変形することにより解答する生徒が圧倒的に多い。教科書や多くの参考書に載っているやり方で, それでもいいでしょうが, この方法でできるからいいじゃないかといって, 話をしっかり聞かない人が目立つ。

A　君もこの方法を扱わないわけではないんだろ？

B　まずは, 基本的なこと, 原理的なことをきっちりやった上で, "係数の和＝1" の場合に行きたいと思って……。

ところが, "いろいろな方法を聞いてしまうと頭が混乱するから, 1 つの方法に習熟する方がいい"。そう思っている人がいる。

A　要求するベクトルの向きが違っていて, それがうまくかみ合わない。1 つのことでいっぱいいっぱいなのかもね。

B　そのように吹き込まれたのでないとしたら, 受け入れる準備がまだできていないからだと受け取るべきだろうね。まずは, じっくり指導して生徒自身の心に余裕を与えることが必要なのかもしれない。

学校の責任にするわけではないが, 単なる問題を解く

「型」としてなら，教えてくれないほうがいい。学校では基本をしっかりやって，証明とか本質を理解させることをもっとすればいい。そういうことの魅力をもっと知らせるべきだと思う。問題の解き方とか，技巧的なことはこちらに任せて……。

しかしそうでないから，ここで基本から説き起こさないといけない。

A　いや，私だって基本から（むしろ基本だけ）やっているよ。本質を理解させろと言われてもそれはなかなか難しい。数学をツマラナイ科目にしたくないと思ってやってはいるけど，学校の置かれた現状には厳しいものがあるんだ……。

分かりたいと思ってやって来る生徒を相手にできるだけ，そちらはいいよ。

B　大学でも，"単位さえ取れればいい"と思っている大勢の学生を前に，味気なく講義を進めている先生の話を耳にする。

低学年からの構造的な問題のような気がする。哲学する心を育てるにはどうしたらよいのかね。

数学の階段を1つ登るために
第2幕

第6章
直線の方程式と円の方程式
ベクトルで表す直線と円

直線のベクトル方程式

先生 1次方程式，たとえば $y=\dfrac{1}{2}x+1$ が座標平面上で直線を表すことは，中学で学習していますが，初めて習ったときのことを思い出しながら，この直線を描いてみよう。

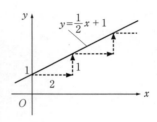

太郎 まず，y 切片 $(0, 1)$ をドットして，次に傾きを考えて，そこから x 座標で2進むと y 座標が1増えるように直線を伸ばしていきます。

先生 そうです。どこか通る1点（y 切片）と傾きをもとに描きますね。これをベクトルに置き換えるとどうなるか，考えてみましょう。

通る点 $A(0, 1)$ を $\vec{a} = (0, 1)$ とし，傾き，つまり2進むと1上がることをベクトルで $\vec{d} = (2, 1)$ と表します。すると，直線上の任意の点 $P(x, y)$ は，この点の位置ベクトルを $\overrightarrow{OP} = \vec{p}$ とおくと，$\vec{a}$, $\vec{d}$ とパラメーター t によって，

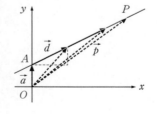

$$\vec{p} = \vec{a} + t\vec{d} \quad \cdots\cdots\cdots ①$$

$[(x, y) = (0, 1) + t(2, 1) \quad \cdots\cdots ①']$

と表すことができます。t は実数値で，t の値が1増すごとに $\vec{d}$ が1スパンずつを刻みながら動いていって，P は直線を形成していくわけです。

①あるいは①′ を，直線の**ベクトル方程式**といいます。

$y = \frac{1}{2}x + 1$ と $\vec{p} = \vec{a} + t\vec{d}$ を比べると，ベクトルで表されている方が点が直線上を t と共に動いていく様子がよく表現されているといえます。たとえていうなら，t を時間と見たとき，あたかもジェット機が飛行機雲を残しながら今まさに飛んでいるようなイメージです。

太郎 それに対し，$y = \frac{1}{2}x + 1$ の方は飛び去った後の航跡だけという感じですね。

先生 $\vec{d}$ はその飛んで行く方向を（大きさも含めて）表していて，**方向ベクトル**（direction vector）と呼ばれます。

ベクトル方程式 $\vec{p} = \vec{a} + t\vec{d}$ を見たら，$\vec{d}$ 方向に時間 t と共に定速で動く点 $P(\vec{p})$ を思い浮かべてほしいものです。

一般に，定点 $A(\vec{a})$ を通り，定ベクトル $\vec{d}$ に平行な直線 l は，l 上の任意の点を $P(\vec{p})$ とすると，$\overrightarrow{AP} \parallel \vec{d}$ だから適当な実数 t によって $\overrightarrow{AP} = t\vec{d}$ すなわち，$\vec{p} - \vec{a} = t\vec{d}$ と書けるから $P(\vec{p})$ は $\vec{p} = \vec{a} + t\vec{d}$ （t は実数）と表すことができます。これが，一般の直線 l のベクトルによる方程式であり，$\vec{d}$ は方向ベクトル

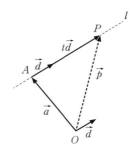

と呼ばれ，パラメーター t は**媒介変数**ともいわれます。

さて，今度は逆にベクトル方程式で $\vec{p} = \vec{a} + t\vec{d}$ と表さ

れた直線を直交座標の方程式に直すことを考えましょう。

点 $A(x_1, y_1)$ を通り，方向ベクトルが $\vec{d} = (m, n)$ である直線 l の座標の間に成り立つ方程式はどうなるかな？

太郎 方向ベクトルは傾きの情報に変換できて，$m \neq 0$ のときは傾きが $\dfrac{n}{m}$ ということですから，公式から

$$y - y_1 = \frac{n}{m}(x - x_1) \quad \cdots\cdots\cdots (*)$$

となります。なお，$m = 0$ のときは y 軸に平行な直線だから，$x = x_1$ と表されます。

先生 もう少し丁寧に追ってみましょう。

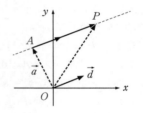

直線上の任意の点を $P(x, y)$ とすると，$\vec{p} - \vec{a} = t\vec{d}$ より
$\overrightarrow{OP} - \overrightarrow{OA} = t\vec{d}$ だから，
$(x, y) - (x_1, y_1) = t(m, n)$
よって，$\begin{cases} x - x_1 = tm & \cdots\cdots\cdots ① \\ y - y_1 = tn & \cdots\cdots\cdots ② \end{cases}$

① より $m \neq 0$ のとき $t = \dfrac{x - x_1}{m}$ とできるから，これを②へ代入してパラメーター t を消去すると，

$$y - y_1 = \frac{n}{m}(x - x_1) \quad \cdots\cdots\cdots (*)$$

を得ます。$m = 0$ のときは，$x = x_1$ です。

なお，①，② から $\vec{p} = (x, y)$ を

$$\begin{cases} x = x_1 + tm \\ y = y_1 + tn \end{cases} \quad \cdots\cdots\cdots (**)$$

と表したものを，直線 l のパラメーター表示といいます。

x, y の1次式 $(*)$ に対してパラメーター表示 $(**)$ は，$t = \cdots, -1, 0, 1, 2, \cdots$ としてみれば分かるように，パラメー

ター t の値とともに x, y が変化し，点 P が動いていく様子が見て取れることが利点です。

太郎 飛行物体をいま目にしているという臨場感が出せるかどうかが違うのか……。

先生 （＊＊）は t が主役で x と y は平等ですが，（＊）では t でなく x が主役になっていて，x の値に対して y の値が定まるといった関係になっています。

練習 1 $\vec{a} = (1, 0)$, $\vec{b} = (2, 7)$, $\vec{u} = (1, 1)$, $\vec{v} = (1, -2)$ のとき，次のベクトル方程式で表される2つの図形の共有点 P の位置ベクトルを求めよ。

$$\vec{p} = \vec{a} + s\vec{u}, \quad \vec{q} = \vec{b} + t\vec{v}$$

太郎 前者は点 $A(1, 0)$ を通る方向ベクトル $\vec{u}$ の直線，後者は点 $B(2, 7)$ を通る方向ベクトル $\vec{v}$ の直線。この"2直線の交点の位置ベクトルを求めよ"ということですね。

それぞれを具体的に書き，

$$\vec{p} = (1, 0) + s(1, 1)$$
$$\vec{q} = (2, 7) + t(1, -2)$$

ここで，共有点について
$\vec{p} = \vec{q}$ だから x, y 成分を比べ

$1 + s = 2 + t$, $s = 7 - 2t$

この連立方程式を解いて，

$s = 3$, $t = 2$

よって，$\overrightarrow{OP} = (1, 0) + 3(1, 1)$
$= (4, 3)$

です。

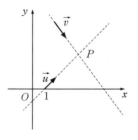

先生 それでは，次の問題はどうだろう。

例題1 平面上の2つの動点 $P(-3+2t, 2+t)$, $Q(-2+t, t)$ について，次の問いに答えよ。

(1) 2点間の距離の最小値を求めよ。
(2) t がどのような実数値をとっても，原点 O から見て P は Q より右方にあることを示せ。

太郎 P, Q はそれぞれ直線上を動きますね。
ベクトル方程式で書くと，
$$\vec{p} = (-3, 2) + t(2, 1), \quad \vec{q} = (-2, 0) + t(1, 1)$$
で，方向ベクトルがそれぞれ $\vec{d} = (2, 1)$, $\vec{d}' = (1, 1)$ だから，グラフにしてみると交差しちゃうのかな？

先生 t によって両者は連動しているから，ここではそうはいかない。先にやった練習問題のように，パラメーターが s, t と異なっていたら，交わるときの s, t の値を求めることができるけど……。

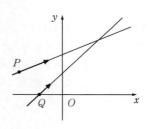

太郎 飛行機雲は交差していても時間差があるから，交差点に1機がいるとき，その同じ時刻 t に，もう1機は別の所にいるんですね。そうでなかったら，大惨事ですね。

となれば (1) は簡単です。$P(-3+2t, 2+t)$, $Q(-2+t, t)$ だから，距離の2乗を計算すると
$$PQ^2 = \{(-3+2t) - (-2+t)\}^2 + \{(2+t) - t\}^2$$
$$= (t-1)^2 + 4$$
よって，2点 P, Q 間の距離の最小値は $\sqrt{4} = 2$ です（$t=1$ のとき）。

でも，(2) はどうやっていいか見当がつかないなあ。
$t=0$ のとき $P(-3, 2)$, $Q(-2, 0)$ で，確かに原点から見て P は Q より右方にあるけど，t がどんなに変化しても左右が逆転しないことをどうやって示せばよいのか？

先生 △OPQ の面積に着目します。
$P(a, b)$, $Q(c, d)$ のとき，△OPQ の面積は

$$\triangle OPQ = \frac{1}{2}|ad-bc|$$

と表されますが，P, Q の位置が連続的に変わると △OPQ の面積も連続的に変化しますね。

このとき，左右が逆転するようなことがあると仮定すると？

太郎 その瞬間，面積は 0 になります！

ということは，絶対値の中身を $\delta = ad - bc$ とおくと，$P(-3+2t, 2+t)$, $Q(-2+t, t)$ なので

$$\begin{aligned}\delta &= (-3+2t)t - (-2+t)(2+t) \\ &= t^2 - 3t + 4 \\ &= \left(t-\frac{3}{2}\right)^2 + \frac{7}{4} \quad \cdots\cdots ①\end{aligned}$$

t が連続的に変わるとき，原点 O に対し P, Q の左右が逆転する瞬間，O, P, Q は一直線上にあって $\delta = 0$ となるはずだけど，① より δ は常に正だから，そのようなことは起こらないはずです。

また，$t=0$ のとき $P(-3, 2)$, $Q(-2, 0)$ で P は Q の右方にあるから，t がどのように変化してもこの関係は変わらない。これで証明が済みました。

先生 次は, 2点 $A(\vec{a})$, $B(\vec{b})$ を通る直線のベクトル方程式についてです。

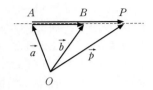

直線上の任意の点を $P(\vec{p})$ とすると, $\overrightarrow{AP}$ は $\overrightarrow{AB}$ の実数倍として, $\overrightarrow{AP}=t\overrightarrow{AB}$ と書けるから, これを始点 O から表して

$$\overrightarrow{OP}-\overrightarrow{OA}=t(\overrightarrow{OB}-\overrightarrow{OA}) \quad \therefore \vec{p}-\vec{a}=t(\vec{b}-\vec{a})$$

よって, $\vec{p}=(1-t)\vec{a}+t\vec{b}$ ……①
となります。

なお, 方向ベクトルが $\vec{d}=\overrightarrow{AB}$ であると考えれば, 先の結果から $\overrightarrow{OP}=\overrightarrow{OA}+t\overrightarrow{AB}$ より $\vec{p}=\vec{a}+t(\vec{b}-\vec{a})$ が直ちに得られます。

①式は, 点 $P(\vec{p})$ が線分 AB を $t:1-t$ の比に分ける点であることを示します。つまり, t が全ての実数値をとって変わるとき, 様々な比をなして, ①は全体として直線 AB を形成するということです。

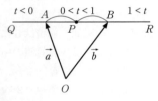

太郎 $0 \leq t \leq 1$ なら線分 AB (端点含む)を, $t<0$ なら半直線 AQ を, $t>1$ なら半直線 BR を表しますね。

先生 ①式で $1-t=s$ とおくと,

$$\vec{p}=s\vec{a}+t\vec{b} \quad (s+t=1) \quad \cdots\cdots ②$$

これも 2 点 A, B を通る直線のベクトル方程式です。この式はすでに何度も出てきていますが, $P(\vec{p})$ は線分 AB を $t:s$ の比に分ける点であると読み込むことにおいて, 重要度をさらに増す公式です。

第6章 直線の方程式と円の方程式

太郎 $s≧0$, $t≧0$ なら線分 AB を（端点含む），$t<0$, $s>0$ なら半直線 AQ を，$t>0$, $s<0$ なら半直線 BR を表しますね。

先生 点 $P(\vec{p})$ が，2定点 $A(\vec{a})$, $B(\vec{b})$ に対し
$$\vec{p} = s\vec{a} + t\vec{b} \quad (s+t=2)$$
のように表されていたら，
$\dfrac{s}{2} + \dfrac{t}{2} = 1$ ですから
$$\vec{p} = \dfrac{s}{2}(2\vec{a}) + \dfrac{t}{2}(2\vec{b})$$
と変形し，$A'(2\vec{a})$, $B'(2\vec{b})$ とおくと，P は直線 $A'B'$ 上を動く

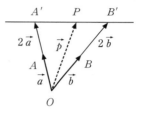

ことが分かります。さらに $s≧0$, $t≧0$ なら，線分 $A'B'$（端点含む）上を動きます。
なお，与式から s を消去して，
$$\vec{p} = (2-t)\vec{a} + t\vec{b}$$
$$= 2\vec{a} + t(\vec{b} - \vec{a})$$
のようにして，$A'(2\vec{a})$ を通り方向ベクトル $\vec{b} - \vec{a} = \overrightarrow{AB}$ の直線とする手もありますが，与えられた2つのパラメーター s, t をそのまま残す場合の定番の変形として心得ておいてください。

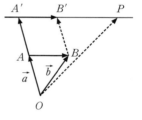

例題2 平面上の一直線上にない3点を O, A, B とする。正の実数 α, β が $\dfrac{1}{\alpha} + \dfrac{1}{\beta} = 1$ を満たして変わるとき，2つのベクトル $\alpha\overrightarrow{OA}$, $\beta\overrightarrow{OB}$ の終点を結ぶ線分は定点を通ることを示せ。

太郎 ちょっと調べてみます。$\alpha=2$ のときは $\beta=2$ で，終点を結ぶ線分は右図の $A'B'$ です。$\alpha=3$ のとき $\beta=\dfrac{3}{2}$ で $A''B''$，$\alpha=\dfrac{3}{2}$ のとき $\beta=3$ で $A'''B'''$ ですから，これらを図示すると確かに1つの点を通るようです。

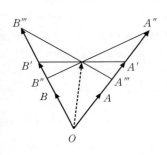

$\alpha\overrightarrow{OA}$，$\beta\overrightarrow{OB}$ の終点を結ぶ線分上の点 $P(\vec{p})$ は，

$$\vec{p}=s(\alpha\overrightarrow{OA})+t(\beta\overrightarrow{OB})\quad(s+t=1,\ s\geq0,\ t\geq0)$$

と書けますが，$\dfrac{1}{\alpha}+\dfrac{1}{\beta}=1$ のもとでこれが定点を通ることを示すには……，どこから手をつけたらいいのかなあ。

先生 $s+t=1$ の 1 と，$\dfrac{1}{\alpha}+\dfrac{1}{\beta}=1$ の 1 が共通なことに目をつけるのがカギです。$\dfrac{1}{\alpha}+\dfrac{1}{\beta}=1$ より，$s=\dfrac{1}{\alpha}$ のとき $t=\dfrac{1}{\beta}$ で，このとき $\vec{p}$ は $\vec{p}=\overrightarrow{OA}+\overrightarrow{OB}$ と定ベクトルになりますから，つねにこの定点を通ると言えます。

太郎 そういうふうに発想することが，僕にはなかなか……。

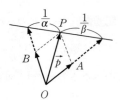

先生 2点 $\alpha\overrightarrow{OA}$，$\beta\overrightarrow{OB}$ を $\dfrac{1}{\beta}:\dfrac{1}{\alpha}$ に内分する点が，$\vec{p}=\overrightarrow{OA}+\overrightarrow{OB}$ であることを確認したと思えばよい。

太郎 ああ，そうか。

第6章 直線の方程式と円の方程式

先生 変数が多くて考えにくそうなので，別の観点からこの問題を眺めてみましょう。

君はいくつか調べて，定点がありそうなことを実感したよね。それが $\vec{p} = \overrightarrow{OA} + \overrightarrow{OB}$ であることも確認できたはずです。もしできていなかったら，2つの線分 $A'B'$ と $A''B''$ の交点を求める例の手法によればいい……。

$$\vec{p} = s(\alpha \overrightarrow{OA}) + t(\beta \overrightarrow{OB}) \quad \cdots\cdots ①$$

を，この点 $\overrightarrow{OA} + \overrightarrow{OB}$ を別枠にして，

$$\vec{p} = s\alpha \overrightarrow{OA} - \overrightarrow{OA} + t\beta \overrightarrow{OB} - \overrightarrow{OB} + (\overrightarrow{OA} + \overrightarrow{OB})$$
$$= (s\alpha - 1)\overrightarrow{OA} + (t\beta - 1)\overrightarrow{OB} + (\overrightarrow{OA} + \overrightarrow{OB})$$

と変形します。このとき，$\dfrac{1}{\alpha} + \dfrac{1}{\beta} = 1$ となるどんな α, β に対しても $s\alpha - 1 = 0$ かつ $t\beta - 1 = 0$ となるように s, t を選ぶことができれば，$\vec{p} = \overrightarrow{OA} + \overrightarrow{OB}$ （定点）となります。

太郎 そうか，$s = \dfrac{1}{\alpha}$, $t = \dfrac{1}{\beta}$ なら，$\dfrac{1}{\alpha} + \dfrac{1}{\beta} = 1$ なので $s + t = 1$ となるようにできるから，2つのベクトル $\alpha \overrightarrow{OA}$, $\beta \overrightarrow{OB}$ の終点を結ぶ線分はこのとき定点 $\vec{p} = \overrightarrow{OA} + \overrightarrow{OB}$ を通ります。

先生 では，同じ問題で，α, β の満たす条件を $\dfrac{1}{\alpha} + \dfrac{1}{\beta} = 3$ としたらどうでしょう。

太郎 まず，定点を予想してみます。

$\alpha = 1$ だと $\beta = \dfrac{1}{2}$ だから，

$$\overrightarrow{OP} = s\overrightarrow{OA} + t\left(\dfrac{1}{2}\overrightarrow{OB}\right)$$

よって，P は中線 AN 上にあります。

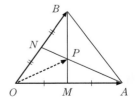

113

$\alpha = \dfrac{1}{2}$ だと $\beta = 1$ だから $\overrightarrow{OP} = s\left(\dfrac{1}{2}\overrightarrow{OA}\right) + t\overrightarrow{OB}$ と書け，P は中線 BM 上にあることが分かります。

このとき定点があるとしたら，それは2つの中線の交点，すなわち $\triangle AOB$ の重心の位置になければなりません。

そこで，$\overrightarrow{OP} = s(\alpha \overrightarrow{OA}) + t(\beta \overrightarrow{OB})$ を

$$\overrightarrow{OP} = \left(s\alpha - \dfrac{1}{3}\right)\overrightarrow{OA} + \left(t\beta - \dfrac{1}{3}\right)\overrightarrow{OB} + \dfrac{\overrightarrow{OA}+\overrightarrow{OB}}{3}$$

と変形すると，$s = \dfrac{1}{3\alpha}$, $t = \dfrac{1}{3\beta}$ のとき，

$$s + t = \dfrac{1}{3\alpha} + \dfrac{1}{3\beta} = 1 \quad \text{で} \quad \overrightarrow{OP} = \dfrac{\overrightarrow{OA}+\overrightarrow{OB}}{3}$$

よって，この点 P は $\alpha \overrightarrow{OA}$, $\beta \overrightarrow{OB}$ の終点を結ぶ直線上にあり，これがそれら直線の通る定点であるといえます。

先生 よくできました。

こんな条件の問題，以前やったことがありましたね。

この問題，変数を増やさずしかも簡潔に，$\dfrac{1}{3\alpha} + \dfrac{1}{3\beta} = 1$ なので $\overrightarrow{OP} = \dfrac{1}{3\alpha}(\alpha \overrightarrow{OA}) + \dfrac{1}{3\beta}(\beta \overrightarrow{OB}) = \dfrac{1}{3}(\overrightarrow{OA} + \overrightarrow{OB})$ なる点 P，すなわち $\triangle OAB$ の重心 P は常に $\alpha \overrightarrow{OA}$, $\beta \overrightarrow{OB}$ の終点を通る直線上にある，と解答することも可能です。

太郎 僕，新作問題を作りました。どうですか？

---

s, t が正で $s+t=1$ を満たすとき，$\dfrac{1}{s}\overrightarrow{OA}$, $\dfrac{1}{t}\overrightarrow{OB}$ の終点を結ぶ線分は定点を通ることを示せ。

先生 ミエミエの問題になってしまっています。そこを修正したのが「例題」なのですよ。

第6章　直線の方程式と円の方程式

内積形の直線の方程式

先生　直線はその方向ベクトルの代わりに，それに垂直なベクトルを与えることによっても定めることができます。

そこで，点 $A(x_1, y_1)$ を通りベクトル $\vec{n} = (a, b)$ に垂直な直線 l がどのような方程式で表されるかを考えていきます。

目的の方程式は，"$\vec{n} \perp l \Leftrightarrow$ 内積 $= 0$" により，ベクトルの内積を用いて実現され，ベクトル $\vec{n}$ は直線 l の**法線ベクトル**（normal vector）と呼ばれます。

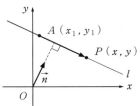

直線 l 上の任意の点を $P(x, y)$ とすると，つねに $\overrightarrow{AP} \perp \vec{n}$ が成り立つから
$$\vec{n} \cdot \overrightarrow{AP} = 0$$
これを成分で表すと，
$\overrightarrow{AP} = (x - x_1, y - y_1)$ より
$$a(x - x_1) + b(y - y_1) = 0 \quad \cdots\cdots\cdots ①$$
この式は $ax + by - ax_1 - by_1 = 0$ で $-ax_1 - by_1 = c$ とおくと，
$$ax + by + c = 0 \quad \cdots\cdots\cdots ②$$
と書けます。

なお，$ax_1 + by_1 + c = 0$ は，点 $A(x_1, y_1)$ が直線 l 上にあることを表しています。

逆に，直線 l が方程式 $ax + by + c = 0$ で与えられているとき，この l を原点 O を通るように平行移動した $ax + by = 0$ を考えると，この直線上の任意の点 $P'(\vec{p'})$，$\vec{p'} = (x, y)$ は，$\vec{n} = (a, b)$ に対し常に $\vec{n} \cdot \vec{p'} = 0$ を満たすことを意味

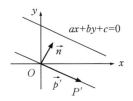

115

しています。よって，$\vec{n}$ は l の法線ベクトルであるといえます。

太郎 直線が $y=mx+n$ という式で示されるときは，方向ベクトル $\vec{d}=(1, m)$ を想像し，$ax+by+c=0$ のときは，法線ベクトル $\vec{n}=(a, b)$ を想像すればいいのですね。

先生 そうです。ただしそれらの定数倍は，また方向ベクトル・法線ベクトルといえますから，1通りに決まるわけではありませんが。

練習2 点 $A\left(3, \dfrac{9}{2}\right)$ から直線 $l: x+2y=2$ に下ろした垂線の足 H の座標および A からの距離 AH を求めよ。

太郎 直線 l の法線ベクトルは
$\vec{n}=(1, 2)$ だから，A からの垂線 AH の方向ベクトルも同じ $\vec{n}$ とでき，したがって垂線 AH の方程式は

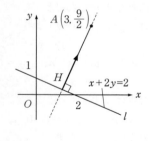

$$\vec{p} = \left(3, \dfrac{9}{2}\right) + t(1, 2)$$
$$= \left(t+3, 2t+\dfrac{9}{2}\right)$$

と書けます。これと直線 l との交点は H だから，この x, y 座標を直線 $x+2y=2$ に代入して

$$(t+3) + 2\left(2t+\dfrac{9}{2}\right) = 2 \quad \therefore t=-2$$

よって，$\vec{p} = \left(-2+3, 2(-2)+\dfrac{9}{2}\right) = \left(1, \dfrac{1}{2}\right)$ より，

垂線の足は $H\left(1, \dfrac{1}{2}\right)$ です。

垂線 AH の長さは,
$$AH = \sqrt{(3-1)^2 + \left(\frac{9}{2} - \frac{1}{2}\right)^2} = \sqrt{20} = 2\sqrt{5}$$

先生 $t = -2$ ということは, A から H に至るのに $\vec{n} = (1, 2)$ にして -2 スパンという意味だから, AH は $|\vec{n}| = \sqrt{1^2 + 2^2} = \sqrt{5}$ の $|-2|$ 倍の $2\sqrt{5}$ となるのです。

太郎 垂線 AH の長さを求めるだけなら, 便利な公式がありますね。

平面上の点 $A(x_1, y_1)$ と直線 $ax + by + c = 0$ との距離は
$$d = \frac{|ax_1 + by_1 + c|}{\sqrt{a^2 + b^2}}$$
で与えられますから,
$$AH = \frac{|3 + 9 - 2|}{\sqrt{1^2 + 2^2}} = \frac{10}{\sqrt{5}}$$
$$= 2\sqrt{5}$$

が得られます。

円のベクトル方程式

先生 最後に, 円のベクトル方程式について簡単に触れておきましょう。

点 $C(\vec{c})$ を中心とする半径 r の円周上の任意の点を $P(\vec{p})$ とすると, つねに $|\vec{CP}| = r$ が成り立つから,

$$|\vec{p} - \vec{c}| = r \quad \cdots\cdots \text{①}$$

これを, 円のベクトル方程式といいます。

両辺を平方して $|\vec{p}-\vec{c}|^2=r^2$ ………②
とすると，②は座標平面でのおなじみの円の方程式に対応します。

点 $C(a, b)$ を中心とする半径 r の円周上の点を $P(x, y)$ とすると，$\overrightarrow{CP}=\vec{p}-\vec{c}=(x-a, y-b)$ だから②式は
$$(x-a)^2+(y-b)^2=r^2$$
と，見慣れた式になります。

円をベクトルで扱う場合，②を展開した
$$|\vec{p}|^2-2\vec{c}\cdot\vec{p}+|\vec{c}|^2=r^2$$
を，逆に平方完成の要領で②の形に整えることが要求されることがあります。

問 定点 $A(\vec{a})$ と動点 $P(\vec{p})$ に対して，ベクトル方程式
$$\vec{p}\cdot(\vec{p}-2\vec{a})=0$$
はどのような図形を表すか？

太郎 条件式を変形すると，
$$|\vec{p}|^2-2\vec{a}\cdot\vec{p}=0$$
平方完成の要領で
$$|\vec{p}|^2-2\vec{a}\cdot\vec{p}+|\vec{a}|^2=|\vec{a}|^2$$
とすると，
$$|\vec{p}-\vec{a}|^2=|\vec{a}|^2$$
となります。
よって，$A(\vec{a})$ を中心とする半径 OA の円です。

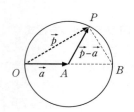

先生 初めに与えられた内積＝0 の形の方程式をそのまま解釈して答える方法もあります。

$2\overrightarrow{OA} = \overrightarrow{OB}$ とすると,$\vec{p} \cdot (\vec{p} - 2\vec{a}) = 0$ は

 "$\vec{p} = \overrightarrow{OP}$ と $\vec{p} - 2\vec{a} = \overrightarrow{BP}$ の内積が $0 \Leftrightarrow \overrightarrow{OP} \perp \overrightarrow{BP}$"

ということですからね。

太郎 点 P は $\angle OPB$ を直角に保ちつつ動くから,OB を直径とする円周上を動くということですね。

先生 さて,前ページの円②の周上の点を $A(\vec{a})$ とするとき,点 A におけるこの円の接線の方程式を求めてください。

太郎 接線上の任意の点を $P(\vec{p})$ とします。

すると,右図から $\overrightarrow{AP} \perp \overrightarrow{CA}$

よって,$(\vec{p} - \vec{a}) \cdot (\vec{a} - \vec{c}) = 0$

先生 これをもう少し変形します。

$(\vec{p} - \vec{c} + \vec{c} - \vec{a}) \cdot (\vec{a} - \vec{c}) = 0$

より $(\vec{p} - \vec{c}) \cdot (\vec{a} - \vec{c}) = |\vec{a} - \vec{c}|^2$

 $\therefore (\vec{p} - \vec{c}) \cdot (\vec{a} - \vec{c}) = r^2$

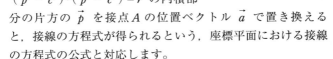

ここまで変形すると,円の式
$(\vec{p} - \vec{c}) \cdot (\vec{p} - \vec{c}) = r^2$ の内積部分の片方の $\vec{p}$ を接点 A の位置ベクトル $\vec{a}$ で置き換えると,接線の方程式が得られるという,座標平面における接線の方程式の公式と対応します。

$C(a, b)$ を中心とする半径 r の円

$$(x-a)^2 + (y-b)^2 = r^2$$

の周上の点 $A(x_0, y_0)$ で引いた接線は,

$$(x_0 - a)(x - a) + (y_0 - b)(y - b) = r^2$$

という式で表されるという,あの公式のことです。

演習問題

1. $\triangle OAB$ がある。点 P が，任意の 0 でない実数 t に対し，ベクトル方程式 $\overrightarrow{OP} = \overrightarrow{OA} + \left(t + \dfrac{1}{t}\right)\overrightarrow{OB}$
を満たしながら動くとき，P の存在範囲を図示せよ。

2. $OA = 2\sqrt{3}$, $OB = 1$, $\overrightarrow{OA} \cdot \overrightarrow{OB} = 3$ の $\triangle OAB$ がある。実数 t に対し，点 P_t を $\overrightarrow{OP_t} = \overrightarrow{OA} + t\overrightarrow{AB}$ で定義する。
t が $1 \leq t \leq 3$ の範囲を動くとき，

(1) $|\overrightarrow{OP_t}|$ の最小値を求めよ。
(2) 線分 OP_t の掃く領域の面積を求めよ。

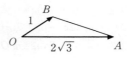

3. O を原点とする座標平面上に $A(-1, -1)$, $B(2, 2)$ があり，動点 P, Q はそれぞれ
$$|\overrightarrow{OP} - \overrightarrow{OA}| = 1, \ |\overrightarrow{OQ} - \overrightarrow{OB}| = 2$$
を満たしながら動く。このとき，内積 $\overrightarrow{OP} \cdot \overrightarrow{OQ}$ の最大値・最小値を求めよ。

※解答はP236〜239です。

第7章
点の存在範囲とベクトル

先生 始点 O が定められた平面上の2点 P, Q に

$$\overrightarrow{OP} = k\overrightarrow{OQ} \quad (k\text{ は実数}) \quad \cdots\cdots (*)$$

という関係があるとき，各点の位置は？

太郎 O, P, Q は一直線上にあり，P の始点 O からの距離 $|\overrightarrow{OP}|$ は，$|\overrightarrow{OQ}|$ の $|k|$ 倍になっていて，$0 \leq k \leq 1$ なら右上図のように P は線分 OQ 上にあり，$1 < k$ なら中図のように Q を越えた延長上にあり，$k < 0$ なら P は下図のように O に関して Q と反対側の位置にあります。

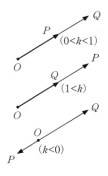

先生 ここで，k を定数として，点 Q が図形 F 上を動くとき，関係式（*）を満たす点 P は F と相似な図形上を動きます。そこで，このような対応を <u>O を中心とする相似比 k の**相似変換**</u>といいます。$0 < k < 1$ なら縮小で，$k = 1$ なら自分自身，$1 < k$ なら拡大となり，$k < 0$ なら

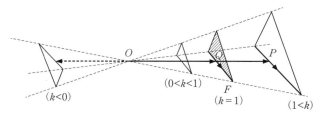

裏返しに相似な図形となります。

たとえば、ゴム紐 OQ の中点 P にリボンを結び O を固定して、Q を C を中心とする半径 r の円周上を動かすと、P は常に $\overrightarrow{OP} = \frac{1}{2}\overrightarrow{OQ}$ を満たすから相似比 $\frac{1}{2}$ の相

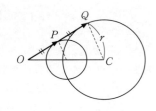

似変換で、P は半径 $\frac{r}{2}$ の円周上を動きます。

では、P, Q が関係式 $\overrightarrow{OP} = 2\overrightarrow{OQ}$ を満たし、Q が線分 AB 上を動くとき、P はどのような軌跡を描くでしょうか？

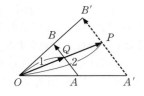

太郎 線分 AB の相似比 2 による相似変換の像ができるから、

$$\overrightarrow{OA'} = 2\overrightarrow{OA}, \quad \overrightarrow{OB'} = 2\overrightarrow{OB}$$

を満たす点をそれぞれ A', B' とすると、点 P は上図のように AB に平行な線分 $A'B'$ 上を動きます。

先生 直感でも分かるところだけれど、数式を用いて示すと次のようになります。

Q は線分 AB 上を動くから $\overrightarrow{OQ} = \overrightarrow{OA} + t\overrightarrow{AB}$ $(0 \leq t \leq 1)$ を満たし、これを相似比 2 で相似変換すると、

$$\begin{aligned}\overrightarrow{OP} &= 2\overrightarrow{OQ} = 2(\overrightarrow{OA} + t\overrightarrow{AB}) = 2\overrightarrow{OA} + t(2\overrightarrow{AB}) \\ &= 2\overrightarrow{OA} + t\{2(\overrightarrow{OB} - \overrightarrow{OA})\} \\ &= 2\overrightarrow{OA} + t(2\overrightarrow{OB} - 2\overrightarrow{OA})\end{aligned}$$

ここで $\overrightarrow{OA'} = 2\overrightarrow{OA}, \overrightarrow{OB'} = 2\overrightarrow{OB}$ とおくと、

$$\overrightarrow{OP} = \overrightarrow{OA'} + t(\overrightarrow{OB'} - \overrightarrow{OA'}) = \overrightarrow{OA'} + t\overrightarrow{A'B'} \quad (0 \leq t \leq 1)$$

と表せるので、点 P は線分 $A'B'$ 上の点であることが示さ

れ，t が $0 \to 1$ まで変化すると，Q が線分 AB 上を A から B まで動くとき，点 P はそれにつれて線分 $A'B'$ 上を A' から B' まで動くことになります。

2を定数 k で置き換えて，相似変換 $\overrightarrow{OP} = k\overrightarrow{OQ}$ が $\overrightarrow{OA'} = k\overrightarrow{OA}$，$\overrightarrow{OB'} = k\overrightarrow{OB}$ を満たす点をそれぞれ A'，B' とするとき，これをアニメーション的に表現すると，線分 AB 上の動点を Q とし，OQ をゴム紐で結び O を固定して OQ を k 倍に伸縮すると $\overrightarrow{OP} = k\overrightarrow{OQ}$ を満たす点 P が得られ，Q を AB 上で A から B まで動かしつつこれを行うと，O からサーチライトで照

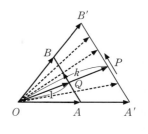

らし出されるように Q の像 P が，AB に平行な線分 $A'B'$ 上を移動していく様がイメージされるでしょう。

太郎 夜，街灯の燈る道を人が歩くときの影の動きと同じですね。人の頭を Q，その影を P とすると，Q が一直線に動くと P も路面上を一直線に動きますものね。

先生 君の挙げた例は立体射影といって，さらに一歩進んでいるけれどね。

以上のことを踏まえ，こんな問題を考えてみます。

例題1 $\triangle OAB$ に対して，点 P が
$\overrightarrow{OP} = \alpha \overrightarrow{OA} + \beta \overrightarrow{OB}$，$\alpha + \beta = 2$，$\alpha \geq 0$，$\beta \geq 0$
を満たしながら動くとき，点 P の存在範囲を求めよ。

$\alpha + \beta = 2$ の扱い方が焦点です。α，β は独立でなく，たとえば $\alpha = 1.2$ なら $\beta = 0.8$ というように，$\alpha + \beta = 2$ によっ

て相互に規定されます。

そこで、これを踏まえ次のように考えてみましょう。
$\alpha + \beta = 2$ だから、$\overrightarrow{OP}$ は

$$\overrightarrow{OP} = 2 \cdot \frac{\alpha \overrightarrow{OA} + \beta \overrightarrow{OB}}{2} = 2 \cdot \frac{\alpha \overrightarrow{OA} + \beta \overrightarrow{OB}}{\beta + \alpha}$$

と書けます。

$\dfrac{\alpha \overrightarrow{OA} + \beta \overrightarrow{OB}}{\beta + \alpha}$ は線分 AB を $\beta : \alpha$ の比に分ける点を表すから、それを Q として $\overrightarrow{OQ} = \dfrac{\alpha \overrightarrow{OA} + \beta \overrightarrow{OB}}{\beta + \alpha}$ とおくと、$\overrightarrow{OP}$ は $\overrightarrow{OP} = 2\overrightarrow{OQ}$ のように簡潔に表せます。

太郎 そのとき Q は線分 AB を $\beta : \alpha$ の比に分ける点ですが、$\alpha \geq 0$、$\beta \geq 0$ だから AB の内分点であり、線分 AB 上を端から端まで動きます。

それにつれて点 P は、$\overrightarrow{OP} = 2\overrightarrow{OQ}$ によって相似変換され、相似比は 2 だから $\overrightarrow{OA'} = 2\overrightarrow{OA}$、$\overrightarrow{OB'} = 2\overrightarrow{OB}$ を満たす点をそれぞれ A', B' とすると、Q が線分 AB 上を動くとき、点 P は図のように線分 $A'B'$ 上を動きます。

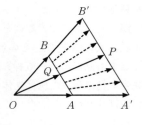

先生 この解答のポイントは、パラメーター α, β を含んだ式 $\dfrac{\alpha \overrightarrow{OA} + \beta \overrightarrow{OB}}{2}$ を、$\alpha + \beta = 2$ により、線分 AB 上の点 Q として 1 つにまとめたところにあります。これによって式が $\overrightarrow{OP} = 2\overrightarrow{OQ}$ のようにシンプルになり、点 P の動く姿が手に取るように見えてきたわけで、君はそれを丁寧に追いかけ

第7章 点の存在範囲とベクトル

て解答してくれましたが，線分 AB の相似変換 $\overrightarrow{OP}=2\overrightarrow{OQ}$ による像が何であるか詳しく検討した後なので，一気に線分 $A'B'$ を答えてもいいでしょう。

太郎 でも，教科書や参考書ではこの問題を別の方法で扱っていることが多いですよね。

先生 そうです。相似変換への言及を避けて，次のことに全面的に依拠することにより解くことが主流になっています。

2点 $A(\vec{a})$, $B(\vec{b})$ に対して，点 P が
$$\vec{p}=s\vec{a}+t\vec{b},\ s+t=1,\ s\geq 0,\ t\geq 0$$
を満たしながら動くとき，点 $P(\vec{p})$ の存在範囲は線分 AB である。

太郎 よく見る解答例だとこのようになっていますね。

解) $\alpha+\beta=2$ から $\dfrac{\alpha}{2}+\dfrac{\beta}{2}=1$

また，$\overrightarrow{OP}=\alpha\overrightarrow{OA}+\beta\overrightarrow{OB}$

$\quad =\dfrac{\alpha}{2}(2\overrightarrow{OA})+\dfrac{\beta}{2}(2\overrightarrow{OB})$

$\dfrac{\alpha}{2}=s,\ \dfrac{\beta}{2}=t$ とおくと

$\overrightarrow{OP}=s(2\overrightarrow{OA})+t(2\overrightarrow{OB})$,

$s+t=1,\ s\geq 0,\ t\geq 0$

ここで，$2\overrightarrow{OA}=\overrightarrow{OA'}$, $2\overrightarrow{OB}=\overrightarrow{OB'}$ を満たす点 A', B' をとると，$\overrightarrow{OP}=s\overrightarrow{OA'}+t\overrightarrow{OB'}$, $s+t=1,\ s\geq 0,\ t\geq 0$

よって，点 P の存在範囲は線分 $A'B'$ である。

125

先生 これは以前から多くの人の賛同を得て，今に至るまで広く行われている解法です．相似変換が数学Aの教科書に登場していた時代でも，それには目もくれずこのような解答がほとんどだったのだから奇妙といえば奇妙なことです．

太郎 先生は，$\overrightarrow{OP} = \dfrac{\alpha}{2}(2\overrightarrow{OA}) + \dfrac{\beta}{2}(2\overrightarrow{OB})$ を $\overrightarrow{OP} = 2\left(\dfrac{\alpha}{2}\overrightarrow{OA} + \dfrac{\beta}{2}\overrightarrow{OB}\right)$ のように括弧内の2を前に出していますね．

先生 そうです．先に2倍するか，後で2倍するか……その違いは，単に2を前に出したに留まらず，関数の合成の後先の違いとなって，解法の流れ・意味に大きな差をもたらしているのです．

太郎 教科書の解法では，先にA, B を O を中心として2倍して A', B' を定め，次いで点 P が線分 $A'B'$ 上を動くと見ているのに対して，先生の解法では，$\dfrac{\alpha}{2}=s, \dfrac{\beta}{2}=t$ と置き換え $s\overrightarrow{OA}+t\overrightarrow{OB}=\overrightarrow{OQ}$ とおくと点 Q は線分 AB 上を動き，$\overrightarrow{OP}=2\overrightarrow{OQ}$ となって相似変換を前面に出すことによって，線分 AB 上の点 Q は始点 O を中心にしてそこから2倍の距離にある点 P に移されることになります．

形式的には2を前に出すかどうかだから，こういう解答がもっと行われてもよさそうですが，なんか相似変換がうとんじられているようで，"数学に freedom(自由)を！……"と．

先生 それはちょっと大げさだが，皆が現状に満足している限り，あるいは皆の"解法パターンを覚えよう"という勉強態度が続く限り，「和 = 1」派の時代はこれからも続くでしょうね．

さて次は，その発展形です．

第7章 点の存在範囲とベクトル

例題2 △OAB に対して，点 P が
$$\overrightarrow{OP} = \alpha\overrightarrow{OA} + \beta\overrightarrow{OB}, \ 0 \leq \alpha + \beta \leq 2, \ \alpha \geq 0, \ \beta \geq 0$$
を満たしながら動くとき，点 P の存在範囲を求めよ。

$\alpha + \beta = k$ と置くと，$0 \leq k \leq 2$ で，$\overrightarrow{OP}$ は
$$\overrightarrow{OP} = k \cdot \frac{\alpha\overrightarrow{OA} + \beta\overrightarrow{OB}}{k} = k \cdot \frac{\alpha\overrightarrow{OA} + \beta\overrightarrow{OB}}{\beta + \alpha}$$

と書けます。ここで，$\dfrac{\alpha\overrightarrow{OA} + \beta\overrightarrow{OB}}{\beta + \alpha} = \overrightarrow{OQ}$ とすると，Q は線分 AB を $\beta : \alpha$ の比に分ける点を表し，$\overrightarrow{OP}$ は $\overrightarrow{OP} = k\overrightarrow{OQ}$ のように表せるので，P は点 Q を相似比 k で相似変換した点であることを示します。

太郎 Q は線分 AB を $\beta : \alpha$ の比に分ける点ですが，$\alpha \geq 0, \ \beta \geq 0$ だから AB の内分点であり，線分 AB 上を端から端まで動きます。

それにつれて，点 P は $\overrightarrow{OP} = k\overrightarrow{OQ}$ により，相似比 k で相似変換され，$\overrightarrow{OQ}$ の k 倍の $\overrightarrow{OP}$ に移されるから，k が $0 \leq k \leq 1$ で変化するときは△OAB の内部および周を動き，$1 \leq k \leq 2$ で変化すると点 P は下図のような台形 $ACDB$ の内部および周上を動きます。ただし，C, D は $\overrightarrow{OC} = 2\overrightarrow{OA}$，$\overrightarrow{OD} = 2\overrightarrow{OB}$ を満たす点です。

よって，求める領域（点 P の存在範囲）は右図の△OCD の内部および周であることが示されます。

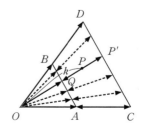

先生 最後のところをすこし補

足しておきましょう。

線分 AB 上で点 Q をいったん固定しておきます。そのうえで，変数 k を $0\to1\to2$ と動かす。すると $\overrightarrow{OP}=k\overrightarrow{OQ}$ によって，点 Q は O から $\overrightarrow{OP'}=2\overrightarrow{OQ}$ によって定まる点 P' までを動きます。それを確認した後，点 Q を線分 AB 上で A から B まで動かすと，線分 OP' は O を要にして OC から OD までを掃くから，"点 P の掃過領域は図の $\triangle OCD$ の内部および周である"としたのですね。

太郎 頭では分かっているのに，うまく表現するのは，なかなか難しいです。

先生 もう少し簡単に説明する方法もあります。

相似比 k の相似変換による線分の像が何であるかは把握できているので，線分 AB を相似変換 $\overrightarrow{OP}=k\overrightarrow{OQ}$ でまるごと写していけば，k のそれぞれの値に対し線分 $A'B'$ が対応します。そこで，k を動かしていくとまるでファクシミリの光が文字や図形を掃過するように $A'B'$ が

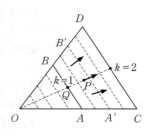

平行線をなして移動して，$1\leq k\leq 2$ のとき台形 $ACDB$ の内部および周を，$0\leq k\leq 1$ では $\triangle OAB$ の内部および周を表すことになるわけです。

太郎 ああ，その説明の方が簡単そうですね。

いずれの説明でも，α，β を含んだ式 $\dfrac{\alpha\overrightarrow{OA}+\beta\overrightarrow{OB}}{\beta+\alpha}$ を，線分 AB 上の点 Q として1つにまとめて，式を $\overrightarrow{OP}=k\overrightarrow{OQ}$ のようにシンプルにする。すると，"Q は相似比 k で P に相

似変換される"ことが示される。そこがポイントでしたね。
先生 $0 \leq k \leq 1$ のとき,すなわち $\triangle OAB$ に対して点 P が
$$\overrightarrow{OP} = \alpha \overrightarrow{OA} + \beta \overrightarrow{OB},\ 0 \leq \alpha + \beta \leq 1,\ \alpha \geq 0,\ \beta \geq 0$$
を満たしながら動くとき,<u>点 P の存在範囲は $\triangle OAB$ の内部および周</u>であるということは,基本事項として押さえておきましょう。

では,練習問題です。

問題 1 $\triangle OAB$ に対して,点 P が
$$\overrightarrow{OP} = \alpha \overrightarrow{OA} + \beta \overrightarrow{OB},\ 1 \leq \alpha + 2\beta \leq 2,\ \alpha \geq 0,\ \beta \geq 0$$
を満たしながら動くとき,点 P の存在範囲を求めよ。

$\alpha + 2\beta$ で,β の係数 2 をどう扱うかがポイントになります。
太郎 $\alpha + 2\beta = k$ とおきます。
すると,$1 \leq k \leq 2$ で,$\overrightarrow{OP}$ は

$$\overrightarrow{OP} = k \cdot \frac{\alpha \overrightarrow{OA} + \beta \overrightarrow{OB}}{k} = k \cdot \frac{\alpha \overrightarrow{OA} + 2\beta \cdot \frac{1}{2} \overrightarrow{OB}}{2\beta + \alpha}$$

と書けるので,$\overrightarrow{OB'} = \frac{1}{2} \overrightarrow{OB}$ とおくと $\frac{\alpha \overrightarrow{OA} + 2\beta \overrightarrow{OB'}}{2\beta + \alpha}$ は線分 AB' を $2\beta : \alpha$ の比に分ける点を表すから,それを Q とし

$\overrightarrow{OQ} = \frac{\alpha \overrightarrow{OA} + 2\beta \overrightarrow{OB'}}{2\beta + \alpha}$ とおくと,

$\overrightarrow{OP}$ は $\overrightarrow{OP} = k \overrightarrow{OQ}$ のように書けますから,P は点 Q を相似比 k で相似変換した点であることを示します。Q は線分 AB' を $2\beta : \alpha$ の比に分ける点ですが,$\alpha \geq 0$,

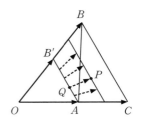

$\beta \geq 0$ だから AB' の内分点であり，線分 AB' 上を端から端まで動いていき，$\overrightarrow{OP} = k\overrightarrow{OQ}$ により，線分 AB' は，k が $1\to 2$ まで動くとき，AB' に平行な線分となって，CB まで移っていきます（ただし，C は $\overrightarrow{OC} = 2\overrightarrow{OA}$ を満たす点）。よって，点 P は前ページの図のような台形 $ACBB'$ の内部および周上を動くことになります。

先生 $\alpha + 2\beta = k$ の両辺を k で割って $\dfrac{\alpha}{k} + \dfrac{2\beta}{k} = 1$ とし，$\overrightarrow{OP}$ を

$$\overrightarrow{OP} = \frac{\alpha}{k}(k\overrightarrow{OA}) + \frac{2\beta}{k}\left(\frac{k}{2}\overrightarrow{OB}\right)$$

のように変形して，点 P は $\overrightarrow{OA'} = k\overrightarrow{OA}$, $\overrightarrow{OB'} = \dfrac{k}{2}\overrightarrow{OB}$ の終点 A', B' を結ぶ線分を動くとして，k を 1 から 2 まで変化させることから解答しても，もちろんいいでしょう。

問題 2 $\triangle OAB$ に対し，点 P が $0 \leq t \leq 1$, $0 \leq \alpha \leq 1$ なる実数 t, α によりそれぞれ次のベクトル方程式で表されるとき，点 P の存在範囲を求めよ。

(1) $\overrightarrow{OP} = (1-t)\overrightarrow{OA} + t\alpha \overrightarrow{OB}$
(2) $\overrightarrow{OP} = (1-t)\overrightarrow{OA} + (t+\alpha)\overrightarrow{OB}$

太郎 (1) について，$\alpha \overrightarrow{OB} = \overrightarrow{OB'}$ とおくと，α が $0\to 1$ まで動くとき B' は O から B まで線分 OB 上を動きます。このとき，

$\overrightarrow{OP} = (1-t)\overrightarrow{OA} + t\overrightarrow{OB'}$ $(0 \leq t \leq 1)$

を満たす点 P は，線分 AB' を $t:1-t$ の比に内分するから，t が $0\to 1$ まで動くとき線分 AB' 上を A から B' まで動きます。

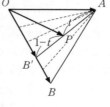

第7章 点の存在範囲とベクトル

　さらに，B'がOからBまで動くと，線分AB'はAを要にAOからABまでをサーチライトのように掃くから，結局点Pは△OABの内部および周上の領域を動くことになります。

先生　よろしい．次に (2) は，式の一部を素性の明らかな式でまるごと置き換えて簡略化するようにしましょう．

太郎　$\overrightarrow{OP} = \underline{(1-t)\overrightarrow{OA} + t\overrightarrow{OB}} + \alpha \overrightarrow{OB}$ だから，下線部を $(1-t)\overrightarrow{OA} + t\overrightarrow{OB} = \overrightarrow{OQ}$ とおきます．すると，点Qは線分ABを$t:1-t$に内分し（$0 \leq t \leq 1$により），tが$0 \to 1$まで動くとき線分AB上をAからBまで動きます．これを前提に，ベクトル方程式 $\overrightarrow{OP} = \overrightarrow{OQ} + \alpha \overrightarrow{OB}$ （$0 \leq \alpha \leq 1$）を考えると，これは点Qを通る方向ベクトル $\overrightarrow{OB}$ の直線を表します．そこで，$\overrightarrow{OQ'} = \overrightarrow{OQ} + \overrightarrow{OB}$ とおくとαが$0 \to 1$まで動くとき点Pは線分QQ'上をQからQ'まで動くので，右図のようにC, Dを $\overrightarrow{OA} + \overrightarrow{OB} = \overrightarrow{OC}, 2\overrightarrow{OB} = \overrightarrow{OD}$ で定めると，点Qが線分AB上をAからBまで動くとき，線分QQ'は図のACからBDまで平行移動していくから，求める点Pは平行四辺形$ABDC$の内部および周上を動くことが分かります．

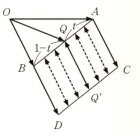

先生　$(1-t)\overrightarrow{OA} + t\overrightarrow{OB}$ の部分は線分ABを表し，$+\alpha \overrightarrow{OB}$ の部分でそれを平行移動することを表していますが，その平行移動量が

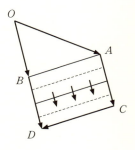

$\alpha : 0 \to 1$ によって $\vec{0}$ から $\vec{OB}$ まで連続的に変化するから,平行四辺形 $ACDB$ を形成するわけです。

では,次の問題で締めくくりとしましょう。

問題 3 △ABC と実数 k に対して,点 P は
$$3\vec{PA} + 2\vec{PB} + \vec{PC} = k\vec{BC}$$
を満たす。このとき,点 P が△ABC の内部にあるように,k の値を定めよ。

ベクトルの始点をどこに置くかで難易が変わってきますよ。

太郎 k が分散しないよう,B に始点を定めます。

先生 そうそう,分かってきたね。

A に始点を定めると k が $\vec{AB}$ と $\vec{AC}$ の2ヵ所に分裂して現れてしまいます。ここまで,『動くもの』,『変化するもの』をなるべくまとめるようにし,それらを1つのものと見なすようにしてきました。今回は初めから1つにまとまっているのだから,これを大事にしない手はありません。

太郎 そうですね。すると,条件式は
$$3(\vec{BA} - \vec{BP}) - 2\vec{BP}$$
$$+ (\vec{BC} - \vec{BP}) = k\vec{BC}$$
と変形でき,
$$6\vec{BP} = 3\vec{BA} + (1-k)\vec{BC} \text{ より}$$
$$\vec{BP} = \frac{1}{2}\vec{BA} + \frac{1-k}{6}\vec{BC}$$
………(*)

BA の中点を M とすると

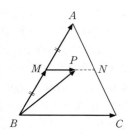

$\frac{1}{2}\overrightarrow{BA} = \overrightarrow{BM}$ だから

$$\overrightarrow{BP} = \overrightarrow{BM} + \frac{1-k}{6}\overrightarrow{BC}$$

よって，P は点 M を通り方向ベクトル $\overrightarrow{BC}$ の直線上を動きますから，AC の中点を N とおいたとき点 P が線分 MN 上を M から N まで動く場合の k の範囲を求めればよいことになります。

P が M にいるのは $\frac{1-k}{6}=0$ のときだから $k=1$ で，P が N に来るのは $\overrightarrow{MN} = \frac{1}{2}\overrightarrow{BC}$ より $\frac{1-k}{6} = \frac{1}{2}$，よって $k=-2$ のとき。

ゆえに，求める k の値の範囲は $-2 < k < 1$ です。

先生 k とともに点の動いていく様子が目に見えるような良い解答でした。

条件式の左辺の係数に着目して，3 頂点 A, B, C にそれぞれ 3, 2, 1 の質量を置いたときの重心を G とします。

この G から点たちを見るとどうでしょう？

太郎 条件式は

$$3(\overrightarrow{GA} - \overrightarrow{GP}) + 2(\overrightarrow{GB} - \overrightarrow{GP}) + \overrightarrow{GC} - \overrightarrow{GP} = k\overrightarrow{BC}$$

ですが，重心 G について

$$3\overrightarrow{GA} + 2\overrightarrow{GB} + \overrightarrow{GC} = \vec{0}$$

ですから，これは

$$-6\overrightarrow{GP} = k\overrightarrow{BC} \quad \cdots\cdots (**)$$

という簡明な式になります。

この式は，点 P が G を通り辺 BC に平行な直線上を動くことを示すので，P が三角形の内部を動くとき，次ページの図の M と N の間を動きます。辺 BC を 1:2 に内分する点を

D とするとき G は線分 AD の中点の位置にいるから,中点連結定理より $\overrightarrow{BC} = 2\overrightarrow{MN}$。

よって,(∗∗)は

$$\overrightarrow{GP} = -\frac{k}{3}\overrightarrow{MN}$$

となります。

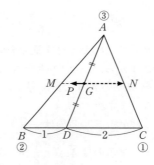

P が M にいるとき,
$\overrightarrow{GM} = -\dfrac{1}{3}\overrightarrow{MN}$ より $k=1$,
P が N にいるとき
$\overrightarrow{GN} = \dfrac{2}{3}\overrightarrow{MN}$ より $k=-2$。

P は k につれ連続的に動くから,三角形の内部にいるのは $-2<k<1$ のときとなります。

先生 なお,点 P が $\triangle OAB$ の内部にあるための条件が,

$\overrightarrow{OP} = \alpha\overrightarrow{OA} + \beta\overrightarrow{OB},\ \alpha+\beta<1,\ \alpha>0,\ \beta>0$

であることを(∗)式に当てはめて,

$$\frac{1}{2} + \frac{1-k}{6} < 1,\ \frac{1-k}{6} > 0$$

とし,これから $-2<k<1$ を導く解法も,目にすることがあります。点 P が $\triangle OAB$ の中でどう存在するかを考えることをしなくても無機的・形式的に解けます。そこにこの解法の特徴があるわけで,それを歓迎する人もいるのですが……。

演習問題

$\triangle OAB$ において,$\overrightarrow{OA} = \vec{a}$,$\overrightarrow{OB} = \vec{b}$ とする。
実数 s,t が $0 \leq s+t \leq 1$,$s \geq 0$,$t \geq 0$ の範囲を動くとき,
$$\overrightarrow{OP} = (2s+t)\vec{a} + (s-t)\vec{b}$$
を満たす点 P の存在範囲を図示せよ。また,その存在範囲は $\triangle OAB$ の面積の何倍であるか。

※解答はP239です。

第8章
斜交座標と図形の方程式

斜交座標系

先生 平面上に，$\vec{0}$ でなく平行でもない2つのベクトル $\vec{a}$, $\vec{b}$ があると，平面上の任意のベクトル $\vec{p}$ は，$\vec{a}$, $\vec{b}$ によって

$\vec{p} = x\vec{a} + y\vec{b}$ （x, y は実数）

と表すことができます。

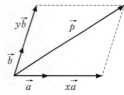

$x\vec{a} + y\vec{b}$ を $\vec{a}$, $\vec{b}$ の **1次結合** といいます。

このように $\vec{p}$ を1次結合で表すとき，$\vec{a}$, $\vec{b}$ の係数 x, y は $\vec{p}$ に対し1通りに定まりますが，これは，$\vec{p}$ の終点を通る平行線が $\vec{a}$, $\vec{b}$ に対しそれぞれ1本だけ引け，それに応じて実数 x, y が1つずつ決まることによります。

これによって，平面上の点 P の座標を定めることができます。

太郎 いよいよ斜交座標の話ですか。

先生 平面上に $\overrightarrow{OA} = \vec{a}$, $\overrightarrow{OB} = \vec{b}$ と同じ向きに座標軸 OX, OY を設け，$\overrightarrow{OA} = \vec{a}$, $\overrightarrow{OB} = \vec{b}$ を基準として点

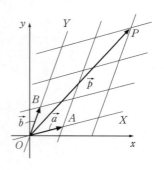

136

第8章　斜交座標と図形の方程式

P を $\overrightarrow{OP} = X\vec{a} + Y\vec{b}$ と表すことにより，P の座標を $P(X, Y)$ とするシステム

$$\overrightarrow{OP} = X\vec{a} + Y\vec{b} \Leftrightarrow P(X, Y)$$

を，$O\text{-}XY$ 座標系と称します。

これが，いわゆる**斜交座標系**です。

これに対し，我々が普通に利用する座標系は，直交する単位ベクトル $\vec{e_1} = (1, 0)$，$\vec{e_2} = (0, 1)$ を基準として平面上の点集合を表すシステムで，$O\text{-}xy$ 標準座標系あるいは，正規直交座標系といいます。$\vec{e_1}$，$\vec{e_2}$ は**基本ベクトル**といわれます。

まず，座標系の変更に関する基本問題をやっておきましょう。

問 1 $\vec{a} = (3, 1), \vec{b} = (1, 2)$ のとき，ベクトル $\vec{p} = (9, 8)$ を $x\vec{a} + y\vec{b}$ のように $\vec{a}$，$\vec{b}$ で表せ。

太郎 まず，$\vec{p} = x\vec{a} + y\vec{b}$ とおいて，x, y を求めます。
$(9, 8) = x(3, 1) + y(1, 2)$ より，$(9, 8) = (3x+y, x+2y)$ ですから，

連立方程式 $\begin{cases} 3x+y=9 \\ x+2y=8 \end{cases}$ を解いて　$x=2, y=3$

よって，$\vec{p} = 2\vec{a} + 3\vec{b}$ です。

この問題は，標準座標系で $(9, 8)$ を座標とする点 P が $\vec{a}$，$\vec{b}$ で　$\overrightarrow{OP} = 2\vec{a} + 3\vec{b}$　と書けたので，$\vec{a}$，$\vec{b}$ を基準とする新座標系では点 P は座標 $(2, 3)$ をもつ，と言っているのですね（前ページの図）。

先生 その通りです。$O\text{-}XY$ 座標系では，OX 方向は $\vec{a}$ 1つ分，OY 方向では $\vec{b}$ 1つ分がそれぞれの単位スケール 1 となって座標を表しています。

斜交座標と図形の方程式

先生 前回，2つのベクトルを基準として，点の軌跡や存在範囲を求める場合の基本的な考え方を勉強しましたが，どうでしたか？

太郎 慣れるまでもう少し時間がかかりそうです。

先生 標準座標については中学から何年も学んでかなり理解も進んでいますから，これを援用して斜交座標を簡単に扱う方法を見ておきましょう。

まず，標準座標で方程式 $x+y=1$ を満たす点 $P(x, y)$ は下左図①のような直線を表していますね。斜交座標で $\overrightarrow{OP} = X\vec{a} + Y\vec{b}$ の表す点 P は，座標 (X, Y) を持ちますが，これが方程式 $X+Y=1$ を満たせば，前章で学んだようにやはり直線を表し，下右図の①のようになります。

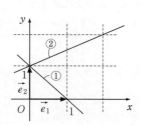 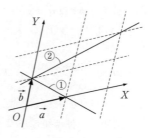

また，標準座標で方程式 $y=\dfrac{1}{2}x+1$ を満たす点 $P(x, y)$ は上左図②の直線ですが，斜交座標では

$$\overrightarrow{OP} = X\vec{a} + Y\vec{b},\ Y=\dfrac{1}{2}X+1$$

を満たす点 $P(X, Y)$ がこれに対応し，右図②の直線を表します。なぜなら，

第8章 斜交座標と図形の方程式

$$\overrightarrow{OP} = X\vec{a} + \left(\frac{1}{2}X+1\right)\vec{b} = \vec{b} + X\left(\vec{a} + \frac{1}{2}\vec{b}\right)$$

より，点 P は点 $B(\vec{b})$ を通り方向ベクトル $\vec{a} + \frac{1}{2}\vec{b}$ の直線上を動くことになるからです。軸が傾いていることと，軸ごとのスケールが異なる点を除けば，構造的にはどちらも同じです。

2直線の交点は連立方程式を解いて求めます。

問 2　$\triangle OAB$ で $\overrightarrow{OA} = \vec{a}$，$\overrightarrow{OB} = \vec{b}$ と置き，$A'(2\vec{a})$，$B'(2\vec{b})$，$A''(3\vec{a})$，$B''(1.5\vec{b})$ とするとき，2直線 $A'B'$，$A''B''$ の交点 P の位置ベクトルを $\vec{a}$, $\vec{b}$ で表せ。

太郎　$\vec{a}$, $\vec{b}$ を基準とする右図のような O-XY 座標系を考え，直線上の点を $P(X, Y)$ とおくと，$\overrightarrow{OP} = X\vec{a} + Y\vec{b}$ で，直線 $A'B'$ は $X+Y=2$，直線 $A''B''$ は $X+2Y=3$ と書けますから，2直線の交点はこの連立方程式を解いて，$X=1$, $Y=1$ を得ますから，$\overrightarrow{OP} = \vec{a} + \vec{b}$ です。

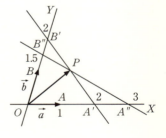

特にベクトルを意識しないでやれるのですね。

先生　座標軸を斜交させなくとも，$\vec{a}$, $\vec{b}$ のスケールを $|\vec{a}|=|\vec{b}|=1$ としても，差し障りはありません。

太郎　領域についてはどうですか？

先生　たとえば，標準座標で $x+y\leq 1$, $x\geq 0$, $y\geq 0$ の表す領域に対応するのは，

$$\overrightarrow{OP} = X\overrightarrow{OA} + Y\overrightarrow{OB}, \ X+Y\leq1, \ X\geq0, \ Y\geq0$$
で定まる点 $P(X, Y)$ の存在領域で，$\triangle OAB$ の周および内部
です（下図）。

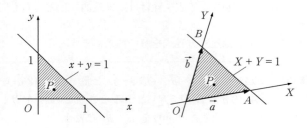

太郎 座標軸が斜めでも，直線は直線に，領域も領域に対応
しているのですね。
先生 そうです。こういう対応関係をつかんでおくと，ベク
トルで表された点の存在領域を示す……などの問題は理解し
やすくなります。

問 3 $A(1, 1)$, $B(-2, 1)$ とするとき，点 $P'(x', y')$ を
$$\overrightarrow{OP'} = x\overrightarrow{OA} + y\overrightarrow{OB} \quad (0\leq x\leq1, \ 0\leq y\leq1)$$
で定める。点 P' はどのような領域を占めるか，図示せよ。

$P(x, y)$ は $0\leq x\leq1$, $0\leq y\leq1$
を満たす領域にある点です
が，P' は P に対しどんな点
かということです……。
太郎 $\overrightarrow{OA}$, $\overrightarrow{OB}$ を図示し
て，ベクトルの1次結合

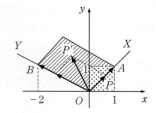

140

$x\overrightarrow{OA} + y\overrightarrow{OB}$ （$0 \leq x \leq 1$, $0 \leq y \leq 1$）

の範囲を考えると，点 P' の存在領域は左ページの下の図で斜線を施した部分だということが直ぐ分かります。

先生 では，この問題を次のように組み替えると，どうでしょう？

問 4 平面上の点 P が $0 \leq x \leq 1$, $0 \leq y \leq 1$ の領域を占めるとき，$P(x, y)$ を

$$\begin{cases} x' = x - 2y & \cdots\cdots\cdots ① \\ y' = x + y & \cdots\cdots\cdots ② \end{cases}$$ によって点 $P'(x', y')$ に移す。

点 P' はどのような領域を占めるか。

太郎 同じ問題とはとても思えません。

普通に解くと，

① ＋ ② × 2 より　　$3x = x' + 2y'$

① － ② より　　　　$-3y = x' - y'$

$0 \leq x \leq 1$, $0 \leq y \leq 1$ より

$0 \leq 3x \leq 3$, $0 \geq -3y \geq -3$ ですから，

$0 \leq x' + 2y' \leq 3$, $-3 \leq x' - y' \leq 0$

普通の座標に直すと，

$0 \leq x + 2y \leq 3$, $-3 \leq x - y \leq 0$

この不等式の表す領域を図示すると，右図のようになります。

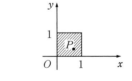

先生 ベクトル $\vec{a} = (x, y)$ を

$\vec{a} = \begin{pmatrix} x \\ y \end{pmatrix}$ のように縦書きする

ことがあります。これを**列ベクトル表示**といい，前者を**行ベク**

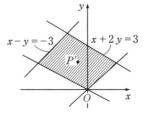

トル表示といいます。

本問の場合は列ベクトルで表す方が自然でしょう。連立方程式①, ②を列ベクトルを用いて書くと,

$$\begin{pmatrix} x' \\ y' \end{pmatrix} = x \begin{pmatrix} 1 \\ 1 \end{pmatrix} + y \begin{pmatrix} -2 \\ 1 \end{pmatrix}$$

となります。ここで, $\overrightarrow{OA} = \begin{pmatrix} 1 \\ 1 \end{pmatrix}$, $\overrightarrow{OB} = \begin{pmatrix} -2 \\ 1 \end{pmatrix}$ とおくと, $\overrightarrow{OP'} = x\overrightarrow{OA} + y\overrightarrow{OB}$ と書けます。また, $\vec{e_1} = \begin{pmatrix} 1 \\ 0 \end{pmatrix}$, $\vec{e_2} = \begin{pmatrix} 0 \\ 1 \end{pmatrix}$ とおくと, 点 P は $\overrightarrow{OP} = \begin{pmatrix} x \\ y \end{pmatrix} = x\vec{e_1} + y\vec{e_2}$ ($0 \leq x, y \leq 1$) と書けます。そこで今, 点 P が点 P' に移ったと考えてみましょう。$\overrightarrow{OP} = x\vec{e_1} + y\vec{e_2}$ が $\overrightarrow{OP'} = x\overrightarrow{OA} + y\overrightarrow{OB}$ に変換されるのですから, その規則は $\vec{e_1} \to \overrightarrow{OA}$, $\vec{e_2} \to \overrightarrow{OB}$ だということになります。このような変換によって, 点 P' がどういう位置を占めるかを, $\vec{e_1}$, $\vec{e_2}$ が移されたベクトル $\overrightarrow{OA}$, $\overrightarrow{OB}$ による斜交座標系によって解いたのが問3の解答であり, 同じ問題を $\vec{e_1}$, $\vec{e_2}$ 標準座標系 O-xy の上で解いたのが問4の解答ということになるのです。

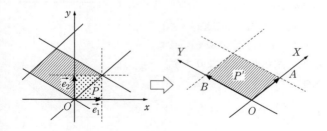

平面が $\overrightarrow{OA}$, $\overrightarrow{OB}$ によって組み替えられて, 全体が

第8章 斜交座標と図形の方程式

$\vec{OA}$, $\vec{OB}$ による網目構造になると考えてください。2本の座標軸を斜めにすると全体も変形しますが，規則正しく変形されるので，直線が曲線になることはないし（直線は直線），平行性も保たれます。また，そこでは直線上の3点の線分比も保存され，分点公式も成り立つのです。

問 5 3点 O, A, B が三角形をなし，点 P は $\angle AOB$ 内にあり，
$$\vec{OP} = s\vec{OA} + t\vec{OB}, \quad 3s + 4t = 2$$
を満たしている。P を通り OB, OA のそれぞれに平行な直線が，直線 OA, OB と交わる点を A', B' とするとき，平行四辺形 $OA'PB'$ の面積を最大にする s, t の値を求めよ。

　直交座標だと，こういう問題が入試で出題されることはないでしょうが，ベクトルだとありえるのです。

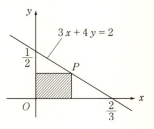

太郎 直交座標だと，点 P が直線 $3x + 4y = 2$ 上を動くとき，右図の長方形の面積を最大にせよという問題ですね。

　今まで斜交座標について学んできたことを生かして，$\vec{OA}$, $\vec{OB}$ を基準とする斜交座標系で考えると $s = 0$ のとき $t = \dfrac{1}{2}$ で，$t = 0$ のとき $s = \dfrac{2}{3}$ だから，点 P は右のような直線上を動きます（直交座標で $3x + 4y = 2$ を図示するのと同じ要領です）。

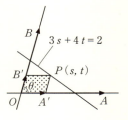

$\overrightarrow{OA'} = s\overrightarrow{OA}$, $\overrightarrow{OB'} = t\overrightarrow{OB}$ で,
　$\overrightarrow{OP} = \overrightarrow{OA'} + \overrightarrow{OB'}$

平行四辺形 $OA'PB'$ の面積は $\angle AOB = \theta$ とすると,

　$S = |\overrightarrow{OA'}||\overrightarrow{OB'}|\sin\theta$
　　$= |s\overrightarrow{OA}||t\overrightarrow{OB}|\sin\theta$
　　$= st|\overrightarrow{OA}||\overrightarrow{OB}|\sin\theta$

下線部は定数（>0）だから, $3s + 4t = 2$ のもとで, st の値を最大にすればよい。

相加平均・相乗平均の不等式より

　$2 = 3s + 4t$
　　$\geq 2\sqrt{(3s)(4t)} = 4\sqrt{3st}$

　$\therefore \sqrt{3st} \leq \dfrac{1}{2}$　　よって, $st \leq \dfrac{1}{12}$

等号が成り立つのは, $3s = 4t$ のときで $s = \dfrac{1}{3}$, $t = \dfrac{1}{4}$

つまり, このとき平行四辺形 $OA'PB'$ の面積は最大となります。

先生　直交座標で培ってきたことを生かすことで, うまく問題が解けるわけです。

太郎　でも, 図形は歪むから, 斜交座標系の中では距離や角を測ることはできませんね。

先生　そう, 円は楕円になってしまいますし……。

円が円になる変換

太郎　円が正しく円になるような座標系を設定するには, どうすればいいのでしょうか？

先生　$|\overrightarrow{OA}| = |\overrightarrow{OB}|$ で $\angle AOB = 90°$ のように座標軸を設定できれば, 距離や角も意味を持つようになります。

第8章 斜交座標と図形の方程式

例えば, $\vec{OA} = (2, 1)$, $\vec{OB} = (-1, 2)$ として, これを基準に O-XY 座標系を設けると, $\angle AOB = 90°$ ですから OX, OY は傾いてはいるが直交する座標系で, スケールの基準は $|\vec{OA}| = |\vec{OB}| = \sqrt{5}$ となります。

具体例で見てみましょう。この座標系で,

$$\vec{OP} = X\vec{OA} + Y\vec{OB},\ X^2 + Y^2 = 1,\ X \geq 0$$

を満たす点 $P(X, Y)$ を考えると, P は, Y 軸より右側にあって, 右図のような半円を表します。半径は $|\vec{OA}| = \sqrt{5}$ です。

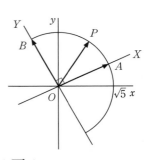

太郎 半径は 1 でなく, その $|\vec{OA}|(=\sqrt{5})$ 倍なのか。

先生 実際,

$$|\vec{OP}|^2 = |X\vec{OA} + Y\vec{OB}|^2$$
$$= X^2|\vec{OA}|^2 + 2XY\vec{OA}\cdot\vec{OB} + Y^2|\vec{OB}|^2$$

ここで $|\vec{OA}| = |\vec{OB}| = \sqrt{5}$, $\vec{OA}\cdot\vec{OB} = 0$ だから

$$|\vec{OP}|^2 = 5X^2 + 5Y^2 = 5(X^2 + Y^2) = 5 \quad \therefore |\vec{OP}| = \sqrt{5}$$

が得られます。

また, $X^2 + Y^2 = 1$ より, 上の式で $X = \cos\theta$, $Y = \sin\theta$ とおくと,

$$\vec{OP} = \cos\theta\,\vec{OA} + \sin\theta\,\vec{OB},\ -90° \leq \theta \leq 90°$$

となり, これも同じ半円を表します。

P の標準座標を $P(x, y)$ とすると, 上の式は

$$\vec{OP} = \begin{pmatrix} x \\ y \end{pmatrix} = \cos\theta \begin{pmatrix} 2 \\ 1 \end{pmatrix} + \sin\theta \begin{pmatrix} -1 \\ 2 \end{pmatrix}\ \text{より}$$

$$\begin{cases} x = 2\cos\theta - \sin\theta \\ y = \cos\theta + 2\sin\theta \end{cases}$$

となります。そこで，$\vec{OA}$ が x 軸の正の向きとのなす角を α

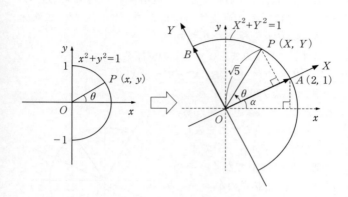

とすると，$\cos\alpha = \dfrac{2}{\sqrt{5}}$, $\sin\alpha = \dfrac{1}{\sqrt{5}}$ ですから，

$$x = \sqrt{5}\left(\cos\theta \cdot \dfrac{2}{\sqrt{5}} - \sin\theta \cdot \dfrac{1}{\sqrt{5}}\right)$$

$$= \sqrt{5}(\cos\theta\cos\alpha - \sin\theta\sin\alpha)$$

よって，$x = \sqrt{5}\cos(\theta + \alpha)$

同じように y も，$y = \sqrt{5}\sin(\theta + \alpha)$

となり，点 $P(x, y)$ が標準座標で半径 $\sqrt{5}$ の円周上にあることがはっきり分かります。α は初期位相です。

太郎 x は $\cos$ に合成し，y は $\sin$ に合成したのがミソですね。

先生 さて，$|\vec{OA}| = |\vec{OB}|$ ($\neq 0$) のとき，

$$\vec{OP} = \cos\theta\,\vec{OA} + \sin\theta\,\vec{OB}$$

で定まる点 P が円を表すのは，$\vec{OA}$，$\vec{OB}$ がどのようなときでしょうか？

第8章 斜交座標と図形の方程式

太郎 $\overrightarrow{OA} \perp \overrightarrow{OB}$ を示せ、というのですね。
$\overrightarrow{OA} = \vec{a}$, $\overrightarrow{OB} = \vec{b}$ とおき、$|\vec{a}| = |\vec{b}| = r$ とするとき、点 P が円周上を動くということは、$|\cos\theta\,\vec{a} + \sin\theta\,\vec{b}|$ が θ の値によらず一定ということですから、

$$|\cos\theta\,\vec{a} + \sin\theta\,\vec{b}|^2$$
$$= \cos^2\theta\,|\vec{a}|^2 + 2\sin\theta\cos\theta\,\vec{a}\cdot\vec{b} + \sin^2\theta\,|\vec{b}|^2$$
$$= r^2 + \sin 2\theta\,\vec{a}\cdot\vec{b}$$

θ が変わると $\sin 2\theta$ も変化しますから、この値が一定であるための条件は内積部分 $\vec{a}\cdot\vec{b} = 0$ です。
よって、"$\vec{a} \perp \vec{b}$ であるとき" となります。半径は r です。
先生 $\overrightarrow{OA} \perp \overrightarrow{OB}$ でも、$|\overrightarrow{OA}| \neq |\overrightarrow{OB}|$ なら楕円となります。
　さて、斜交座標系から次の問題を見てみましょう。

問 6 点 $A(\sqrt{3},\ 1)$, $B(-1,\ \sqrt{3})$, $C(1,\ 2\sqrt{3})$ があり、
$\overrightarrow{OA} = \vec{a}$, $\overrightarrow{OB} = \vec{b}$ とおく。
(1) $\overrightarrow{OC}$ を $\vec{a}$, $\vec{b}$ で表せ。
(2) 点 P が実数 s, t に対し
　　$\overrightarrow{OP} = s\vec{a} + t\vec{b}$　　$(s+t=1)$
を満たすとき、$|\overrightarrow{CP}|$ の最小値を求めよ。

太郎 (1) $\overrightarrow{OC} = x\vec{a} + y\vec{b}$ とおくと、

$\sqrt{3}x - y = 1$ ………①
$x + \sqrt{3}y = 2\sqrt{3}$ ………②
①×$\sqrt{3}$ + ② より　　$4x = 3\sqrt{3}$
① − ②×$\sqrt{3}$ より　　$-4y = -5$

よって、$\overrightarrow{OC} = \dfrac{3\sqrt{3}}{4}\vec{a} + \dfrac{5}{4}\vec{b}$

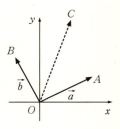

147

(2) (1) より $\vec{a}$, $\vec{b}$ を基準とする新座標系で点 C の座標は $C\left(\dfrac{3\sqrt{3}}{4}, \dfrac{5}{4}\right)$ ですが,点 P は A, B を通る直線上を動くから,点と直線との距離の公式は使えるのかしら? $|\vec{a}|=|\vec{b}|$ で,$\vec{a}$ を $90°$ 回転したものが $\vec{b}$ となっていますが……。

先生 とりあえず,やってみましょう。それから考えればいい。

太郎 点 P は A, B を通る直線上を動くから,C からこの直線に下ろした垂線の足を H とすると,$|\overrightarrow{CP}|$ が最小となるのは P が H の位置にあるときです。よって,C から直線 $s+t=1$ までの距離は,公式が使えるとすれば

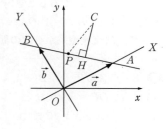

$$|\overrightarrow{CH}|=\dfrac{\left|\dfrac{3\sqrt{3}}{4}+\dfrac{5}{4}-1\right|}{\sqrt{1^2+1^2}}$$

$$=\dfrac{3\sqrt{3}+1}{4\sqrt{2}}$$

ですね。

先生 これを標準座標系で確かめてみよう。

太郎 P の標準座標を $P(x, y)$ とし,この座標系で 2 点 A, B を通る直線の方程式を求めます。

$\sqrt{3}s-t=x$, $s+\sqrt{3}t=y$ から s, t を消去することにより,

$(\sqrt{3}-1)x+(\sqrt{3}+1)y=4$

点 $C(1, 2\sqrt{3})$ からこの直線への距離は

$$|\overrightarrow{CH}|=\dfrac{|(\sqrt{3}-1)+2\sqrt{3}(\sqrt{3}+1)-4|}{\sqrt{(\sqrt{3}-1)^2+(\sqrt{3}+1)^2}}=\dfrac{3\sqrt{3}+1}{2\sqrt{2}}$$

第8章 斜交座標と図形の方程式

ちょうど2倍だけ異なっていますね。そうか，違いがわかりました。$O\text{-}XY$座標系で求めた距離は，$|\vec{a}|=|\vec{b}|\,(=2)$ を1スケールとしたときの距離なんですね。だから，本当の距離はそれを2倍しなければならないのですね。

先生 それに気付いてもらいたかった。先の円の場合もそうでしたね。

例題 $A(1,\ 2)$, $B(-2,\ 1)$, $C(-1,\ 0)$ に対し，
$\overrightarrow{OP} = \alpha\overrightarrow{OA} + \beta\overrightarrow{OB} + \overrightarrow{OC}$ とおく。
$\alpha,\ \beta$ が次の条件を満たすそれぞれの場合について，
$|\overrightarrow{OP}|$ の最大値・最小値を求めよ。
(1) $\alpha + \beta = 1$, $\alpha \geqq 0$, $\beta \geqq 0$
(2) $\alpha^2 + \beta^2 = 1$, $\beta \geqq 0$

太郎 いずれも $\overrightarrow{OQ} = \alpha\overrightarrow{OA} + \beta\overrightarrow{OB}$ で表される点 Q を $\overrightarrow{OC}$ だけ（x軸方向に -1）平行移動しているので，

(1) の場合は，線分 AB を $\overrightarrow{OC}$ だけ平行移動した点たちが $P(x,\ y)$ だから，図示すると A' B' のようになります。よって，$|\overrightarrow{OP}|$ の最大値は線分 OB' で，最小値は線分 OH です。

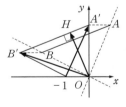

$A'(0,\ 2)$, $B'(-3,\ 1)$ だから 直線 $A'B'$：$x-3y+6=0$ より，

$$OH = \frac{|6|}{\sqrt{1^2+(-3)^2}} = \frac{3\sqrt{10}}{5} \quad \text{（最小値）}$$

$OB' = \sqrt{(-3)^2 + 1^2} = \sqrt{10}$ （最大値）

(2) は，$\overrightarrow{OQ} = \alpha \overrightarrow{OA} + \beta \overrightarrow{OB}$, $\alpha^2 + \beta^2 = 1$, $\beta \geq 0$ で表される点 Q たちの集合（半円）を x 軸方向に -1 だけ平行移動したものだから，右図から最大値は $OD = \sqrt{5} + 1$, 最小値は $OA' = 2$ です。

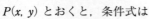

先生 この問題，普通には次のような計算で行います。

$P(x, y)$ とおくと，条件式は

$$(x, y) = \alpha(1, 2) + \beta(-2, 1) + (-1, 0)$$

だから，

$x = \alpha - 2\beta - 1$, $y = 2\alpha + \beta$

よって，$|\overrightarrow{OP}|^2 = (\alpha - 2\beta - 1)^2 + (2\alpha + \beta)^2$
$= 5\alpha^2 + 5\beta^2 - 2\alpha + 4\beta + 1$ ………①

(1) $\alpha + \beta = 1$ より $\beta = 1 - \alpha$ (≥ 0) を①に代入して，

$$|\overrightarrow{OP}|^2 = 10\alpha^2 - 16\alpha + 10 = 10\left(\alpha - \frac{4}{5}\right)^2 + \frac{18}{5}$$

$0 \leq \alpha \leq 1$ より，$\alpha = 0$ のとき最大で，最大値 $|\overrightarrow{OP}| = \sqrt{10}$

最小となるのは，$\alpha = \frac{4}{5}$ のときで，

最小値 $|\overrightarrow{OP}| = \sqrt{\frac{18}{5}} = \frac{3\sqrt{10}}{5}$ です。

(2) ①式と $\alpha^2 + \beta^2 = 1$ より $|\overrightarrow{OP}|^2 = -2\alpha + 4\beta + 6$

この値を $2k$ (≥ 0) とおくと，

$2\beta = \alpha + k - 3$

k が最小となるのは，右図で $\alpha = 1$, $\beta = 0$ のときで，$k = 2$ だから

$|\overrightarrow{OP}|^2 = 2k = 2 \cdot 2 = 4$
よって，$|\overrightarrow{OP}|$ の最小値 $= \sqrt{4} = 2$

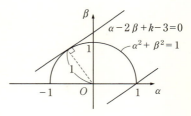

最大となるのは右図で直線 $\alpha - 2\beta + k - 3 = 0$ が円 $\alpha^2 + \beta^2 = 1$ に接するときだから，

$$\frac{|k-3|}{\sqrt{1^2 + (-2)^2}} = 1 \text{ より } k = 3 + \sqrt{5}$$

このとき，$|\overrightarrow{OP}|^2 = 2k = 6 + 2\sqrt{5}$
よって，$|\overrightarrow{OP}|$ の最大値 $= \sqrt{6 + 2\sqrt{5}} = \sqrt{5} + 1$

なお，(2) については，$\alpha = \cos\theta$，$\beta = \sin\theta$ ($0 \leq \theta \leq 180°$) とおいて，三角関数の合成の手法を利用する方法もあります。

演習問題

1．$\triangle OAB$ において，$\overrightarrow{OA} = \vec{a}$，$\overrightarrow{OB} = \vec{b}$ とする。
実数 s, t が $0 \leq s + t \leq 1$, $s \geq 0$, $t \geq 0$ の範囲を動くとき，
$$\overrightarrow{OP} = (2s + t)\vec{a} + (s - t)\vec{b}$$
を満たす点 P の存在範囲を図示せよ。また，点 P の存在範囲は $\triangle OAB$ の面積の何倍であるか。

2．点 $A(\sqrt{3}, 1)$, $B(-1, \sqrt{3})$, $C(3, 0)$ があり，$\overrightarrow{OA} = \vec{a}$，$\overrightarrow{OB} = \vec{b}$ とおく。このとき点 P を
$$\overrightarrow{OP} = s\vec{a} + t\vec{b} \quad (s^2 + t^2 = 1, \ s \geq 0)$$
で定めるとき，CP の長さの最小値・最大値を求めよ。

※解答はP239〜241です。

第9章
平行四辺形の面積と行列式
絶対値の中身の符号から行列式へ

垂線の長さ

先生 今日は，与えられた点から直線までの距離を，ベクトルを利用して求めることから始めましょう。

太郎 点 $A(x_1, y_1)$ から直線 $ax+by+c=0$ への距離については，

$$d = \frac{|ax_1+by_1+c|}{\sqrt{a^2+b^2}}$$

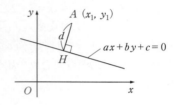

という公式がありますが
……これを，ベクトルを利用して導くのですね。

先生 そうです。

点 $A(x_1, y_1)$ から直線 $ax+by+c=0$ へ下ろした垂線の足を $H(x_0, y_0)$ とし，このとき $d=|\vec{HA}|$ を求めるのです。

$\vec{HA}$ は，この直線の法線ベクトル $\vec{n}=(a, b)$ と平行なので，$\vec{n}$ をもとに求められます。そのためにまず，法線ベクトル $\vec{n}$ と同じ向きの単位ベクトル $\vec{e}_n$ を考えます。

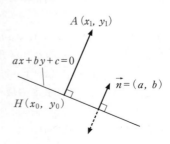

太郎 $\vec{e}_n = \dfrac{1}{|\vec{n}|}\vec{n}$ ですが，

152

なぜ，法線ベクトルを単位化するのですか？

先生 $\vec{HA} /\!/ \vec{e_n}$ より $\vec{HA} = k\vec{e_n}$ と表したとき，この k を求めれば $|\vec{HA}| = |k\vec{e_n}| = |k|$ から目的を達成できるという発想です。

太郎 $\vec{HA}$ の $\vec{e_n}$ に対する倍率 k が点と直線の距離を与えるのですね。

先生 そして，$k>0$ なら $\vec{HA}$ は $\vec{e_n}$ すなわち $\vec{n}$ と同じ向きで，$k<0$ なら $\vec{HA}$ は $\vec{e_n}$ すなわち $\vec{n}$ と逆向きです。

$\vec{HA} = (x_1 - x_0,\ y_1 - y_0)$ で，$\vec{HA} = k\vec{e_n} = k\dfrac{1}{|\vec{n}|}\vec{n}$ より

$$(x_1 - x_0,\ y_1 - y_0) = \dfrac{k}{|\vec{n}|}(a,\ b)$$

$$\therefore x_0 = x_1 - \dfrac{k}{|\vec{n}|}a,\ y_0 = y_1 - \dfrac{k}{|\vec{n}|}b$$

$H(x_0,\ y_0)$ は直線上の点だから，$ax + by + c = 0$ に代入して

$$a\left(x_1 - \dfrac{k}{|\vec{n}|}a\right) + b\left(y_1 - \dfrac{k}{|\vec{n}|}b\right) + c = 0$$

よって，$ax_1 + by_1 + c = \dfrac{k}{|\vec{n}|}(a^2 + b^2)$

ここで $|\vec{n}| = \sqrt{a^2 + b^2}$ だから，$ax_1 + by_1 + c = k\sqrt{a^2 + b^2}$

したがって，$k = \dfrac{ax_1 + by_1 + c}{\sqrt{a^2 + b^2}}$ ………①

ゆえに，$d = |\vec{HA}| = |k| = \dfrac{|ax_1 + by_1 + c|}{\sqrt{a^2 + b^2}}$

太郎 うまく求められますね。

　この公式で，絶対値の中身 $ax_1 + by_1 + c$ の符号ですが，どんなとき正になり，どんなとき負になるのでしょうか？　以前から疑問に思っているのですが。

先生 それは，①式の k が語っています。

①式の右辺で，分子は点 $A(x_1, y_1)$ の座標を直線の式の左辺に代入したものですが，分母は正ですから"分子の正負と k の正負は一致"します。

太郎 つまり，$ax_1 + by_1 + c$ はベクトル $\overrightarrow{HA}$ が法線ベクトル $\vec{n} = (a, b)$ と同じ向きのとき正で，逆向きのとき負であると……。

先生 そういうことです。

たとえば，点 $A(1, 2)$ から直線 $3x - 4y + 4 = 0$ に垂線 AH を下ろすとき，

$$AH = \frac{|3 \cdot 1 - 4 \cdot 2 + 4|}{\sqrt{3^2 + 4^2}}$$

$$= \frac{|-1|}{5} = \frac{1}{5}$$

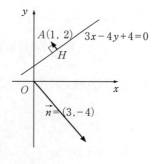

と距離を計算しますが，分子の絶対値の中身は負ですから，法線ベクトル $\vec{n} = (3, -4)$ に対して $\overrightarrow{HA}$ は向きが反対であると分かり，直線に関する点 A の位置情報も得られるわけです。

太郎 なるほど。直線の式を $y = \frac{3}{4}x + 1$ と変形すると，$2 > \frac{3}{4} \cdot 1 + 1$ だから点 $A(1, 2)$ は直線 $y = \frac{3}{4}x + 1$ より上側の領域にあることが分かるのと同じなのですね。

先生 では，次の問題をどうぞ。

第9章 平行四辺形の面積と行列式

例題 1 2直線 $2x-y+1=0$ ………①
$\qquad\qquad\quad x-2y-4=0$ ………②
のなす鋭角の2等分線の方程式を求めよ。

いろいろなやり方が可能ですが，ここでは2等分線上の点を $P(X, Y)$ とし，P からの2直線に至る距離が等しいことを使って解いてみましょう。

太郎 点 $P(X, Y)$ から直線①，②のそれぞれに下ろした垂線の足を H_1, H_2 とすると，

$$|\overrightarrow{PH_1}|=\frac{|2X-Y+1|}{\sqrt{4+1}}, \quad |\overrightarrow{PH_2}|=\frac{|X-2Y-4|}{\sqrt{1+4}}$$

先生 ここで，分子の絶対値を外します。

太郎 直線①の法線ベクトル $\vec{n_1}=(2, -1)$ は $\overrightarrow{H_1P}$ と同じ向き，あるいは P は直線①より下側にあるから絶対値の中身は正。直線②の法線ベクトル $\vec{n_2}=(1, -2)$ は $\overrightarrow{H_2P}$ と逆向き，あるいは P は直線②より上側にあるから絶対値の中身は負。よって，

$$|\overrightarrow{PH_1}|=\frac{2X-Y+1}{\sqrt{5}}$$

$$|\overrightarrow{PH_2}|=\frac{-(X-2Y-4)}{\sqrt{5}}$$

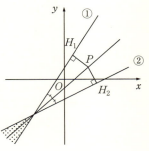

$|\overrightarrow{PH_1}|=|\overrightarrow{PH_2}|$ から
$2X-Y+1=-(X-2Y-4)$
$\therefore X-Y-1=0$

また，点 P が図の打点領域にいるときは，絶対値の中身は前者が負，後者が正だから $-(2X-Y+1)=X-2Y-4$

いずれにしても $X-Y-1=0$

普通の座標に書き直して，求める2等分線は $x-y-1=0$ です。

先生 よろしい。次はこんな問題です。

例題2　直線 $3x-4y+27=0$ を l とする。$A(6, 5)$, $B(-1, 0)$ のとき，$AP+BP$ を最小にする l 上の点 P の座標を求めよ。

太郎　考え方は，点 A の直線 l に関する対称点 A' を求めて，線分 BA' と l との交点 P を求めれば，この点が $AP+BP$ を最小にする点です。

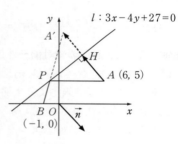

AA' の中点が直線 l 上にあることと，$AA' \perp l$ とから連立方程式で解いたことがありますが，別の工夫をしてみます。

点 A から直線 l に下ろした垂線の足を H とします。

$$|\overrightarrow{AH}| = \frac{|3\cdot 6 - 4\cdot 5 + 27|}{\sqrt{3^2+(-4)^2}} = \frac{|25|}{5} = 5 \quad \cdots\cdots\cdots ①$$

で，直線 l の法線ベクトル $\vec{n} = (3, -4)$ について，$|\vec{n}|=5$ ですから，$|\overrightarrow{AH}|=|\vec{n}|$ ですが，①式の分子の絶対値の中身 >0 ですから，$\overrightarrow{HA}$ と $\vec{n}$ の向きが等しく，すなわち $\overrightarrow{AH}$ と $\vec{n}$ の向きは逆です。よって，$\overrightarrow{AA'} = -2\vec{n}$

A' の座標を (a, b) とすると，$(a-6, b-5) = -2(3, -4)$

　　∴ $(a, b) = (0, 13)$

直線 BA' と l の交点が求める点 $P(x, y)$ だから，

第9章 平行四辺形の面積と行列式

$\overrightarrow{BP} = k\overrightarrow{BA}$ より $(x+1, y) = k(1, 13)$

$\therefore (x, y) = (k-1, 13k)$

よって $3(k-1) - 4\cdot 13k + 27 = 0$ より, $k = \dfrac{24}{49}$

$\therefore P\left(-\dfrac{25}{49}, \dfrac{312}{49}\right)$

先生 よろしい。次です。

例題3 $A(-1, 0)$, $B(1, 0)$, $C(0, 2)$, のとき, 動点 P が $\triangle ABC$ の辺 AB 上を動くとする。このとき, P から他の2辺 AC, BC へ下ろした垂線 PH_1, PH_2 の長さの和は一定であることを示せ。

太郎 2直線 AC, BC を順に l_1, l_2 とし, $P(x, 0)$ とおきます。

$l_1 : 2x - y + 2 = 0$,

$l_2 : 2x + y - 2 = 0$

だから, 垂線の長さ PH_1, PH_2 は

$PH_1 = \dfrac{|2x+2|}{\sqrt{2^2+(-1)^2}}$

$PH_2 = \dfrac{|2x-2|}{\sqrt{2^2+1^2}}$

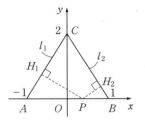

先生 絶対値は仮の姿であることに気をつけて……。

太郎 $\overrightarrow{H_1P}$ は l_1 の法線ベクトル $\vec{n_1} = (2, -1)$ と同じ向きで, $\overrightarrow{H_2P}$ は l_2 の法線ベクトル $\vec{n_2} = (2, 1)$ と逆向きだから,

$PH_1 = \dfrac{2x+2}{\sqrt{5}}$, $PH_2 = \dfrac{-2x+2}{\sqrt{5}}$

先生 答案には，"点 $P(x, 0)$ は，不等式 $2x-y+2\geq 0$, $2x+y-2\leq 0$ を満たす領域にあるから"と簡単に記して，絶対値をはずしておけばよいでしょう。

太郎 距離の和は，

$$PH_1 + PH_2 = \frac{2x+2}{\sqrt{5}} + \frac{-2x+2}{\sqrt{5}} = \frac{4}{\sqrt{5}}$$

と x が消えて，定数になります。

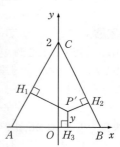

先生 点 P が $\triangle ABC$ の内部にあるとすると，P から各辺 AC, BC, AB へ下ろした垂線 PH_1, PH_2, PH_3 の和は上で求めた和より大きくなります。

太郎 P を辺 AB から y だけ上に持ち上げて，それを $P'(x, y)$ とします。すると，

$$P'H_1 + P'H_2 + P'H_3$$
$$= \frac{2x-y+2}{\sqrt{5}} + \frac{-2x-y+2}{\sqrt{5}} + y$$
$$= \frac{(\sqrt{5}-2)y+4}{\sqrt{5}} \geq \frac{4}{\sqrt{5}}$$

先生 つまり，$\triangle ABC$ が二等辺三角形のときは和 $P'H_1 + P'H_2 + P'H_3$ を最小とする点 P' は底辺 AB 上の位置にあるということです。

太郎 AB 上なら，どこでもかまわない！

三角形の面積

太郎 絶対値の中身の符号で，もう一つ気になるのは，

$$S = \frac{1}{2}|ad - bc|$$

です。

先生 平面上で2点 A, B の座標がそれぞれ (a, b), (c, d) のとき，$\triangle OAB$ の面積を与える公式でしたね。

これは，正の面積，負の面積というように，面積に正・負を導入することでうまく説明できます。面積公式

$$\triangle OAB = \frac{1}{2}|\overrightarrow{OA}\,\|\overrightarrow{OB}|\sin\theta \quad \cdots\cdots\cdots ①$$

で，ベクトル $\overrightarrow{OA}$ から $\overrightarrow{OB}$ に至る角 θ の正・負に応じて，面積に正・負を与えるようにするのです。

$\overrightarrow{OA}$ と $\overrightarrow{OB}$ のなす角 θ ($0°\leq\theta\leq 180°$) に対して，θ を $\overrightarrow{OA}$ から $\overrightarrow{OB}$ まで測るとき時計の針と反対の向きに進むとき正，同じ向きに進むとき負とするのですが，この θ の正負が $\sin(-\theta) = -\sin\theta$ によって $\sin\theta$ の正負に反映しますから，あらためて $-180°\leq\theta\leq 180°$ に対し，

$\triangle OAB = \frac{1}{2}|\overrightarrow{OA}\,\|\overrightarrow{OB}|\sin\theta$ と定めることにより，OA から OB へ至る角 θ の正負が，三角形の面積の正負にうまく対応するということです。

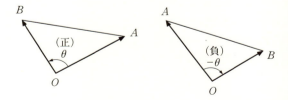

太郎 でも，それが絶対値の中身 $ad - bc$ の符号にどう結びつくのでしょうか？

先生 三角形の高さを垂線の長さの公式から求めます。$A(a, b)$ のとき，OA を原点の周りに90°回転した点を A' とすると，A' の座標は $A'(-b, a)$ だから，OA の法線ベクトルとして $\vec{n} = (-b, a)$ を選び，直線 OA の式として $-bx + ay = 0$ を，頂点 $B(c, d)$ からこの直線に下ろ

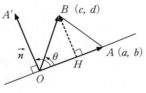

した垂線の足を H とすると，高さは，$|\overrightarrow{HB}| = \dfrac{|-bc + ad|}{\sqrt{a^2 + b^2}}$ です。よって，$\triangle OAB$ の面積は

$$\triangle OAB = \frac{1}{2} |\overrightarrow{OA}| |\overrightarrow{HB}| = \frac{1}{2} |ad - bc|$$

この絶対値の中身の符号は，$\overrightarrow{HB}$ が $\vec{n}$ と同じ向きのとき正で，このことと OA から OB に至る角 θ が正であることが対応します。

また，$\overrightarrow{HB}$ が $\vec{n}$ と逆向きのとき，$ad - bc$ の値は負で，このことと OA から OB に至る角 θ が負であることが対応します。右上の図と右図をよく見比べてください。

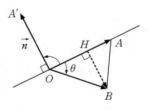

太郎 A, B が座標で $A(a, b)$, $B(c, d)$ と与えられたとき，$\triangle OAB$ の符号付き面積は

$$\triangle OAB = \frac{1}{2}(ad - bc)$$

と書けますが，ここで $ad - bc$ の値の正・負は，OA から OB へ至る角 θ の向きの正・負に一致するから，$ad - bc$ の符号

は，θ を $-180° \leq \theta \leq 180°$ とすると，$\sin \theta$ の符号と一致し，$\triangle OAB$ の符号付き面積は

$$\triangle OAB = \frac{1}{2}|\overrightarrow{OA}\,\|\overrightarrow{OB}|\sin\theta = \frac{1}{2}(ad-bc)$$

であると……。

"三角形の面積は符号も含めて定義する"，その方が自然で合理的なんだとよく分かりました。

先生 では，まとめです。

$\overrightarrow{OA} = (a, b)$，$\overrightarrow{OB} = (c, d)$ のとき，これら2つのベクトルによって作られる右図のような平行四辺形を，$\overrightarrow{OA}$ と $\overrightarrow{OB}$ によって張られる平行四辺形といいます。この面積 S は

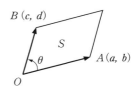

$$S = ad - bc$$

ですが，当然符号付き面積になります。これは，$\overrightarrow{OA}$ から $\overrightarrow{OB}$ に至る角が正のときは面積も正，負のときは面積も負となるわけです。

太郎 $\frac{1}{2}$ をつけて三角形にこだわることはないのですね。平行四辺形を主体にする方が自然な感じがします。

先生 2つのベクトル $\vec{a} = (a, b)$，$\vec{b} = (c, d)$ が平行であるとき，$\vec{a}$，$\vec{b}$ の張る平行四辺形の面積を考えると，$S=0$ により，2つのベクトルの平行条件は

$$\vec{a}\,/\!/\,\vec{b} \Leftrightarrow ad - bc = 0$$

であることになります。

太郎 垂直条件は，内積 $=0$ ($\vec{a} \cdot \vec{b} = 0$) より

$$\vec{a} \perp \vec{b} \Leftrightarrow ac + bd = 0$$

でしたね。

先生 右図のように $\vec{a}, \vec{b}$ の成分を並べて書いたとき，上下の成分の積和が内積で，斜積（たすき掛け）の差が S であるわけです。S は一般に**行列式**（determinant）と呼ばれ，平行四辺形の面積に留まらず数学において重要な量として位置づけられ，

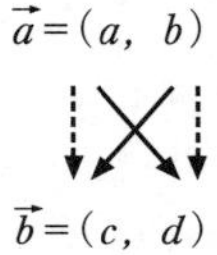

$$\vec{a} = (a,\ b)$$
$$\vec{b} = (c,\ d)$$

$$\det\begin{pmatrix} a & b \\ c & d \end{pmatrix} = ad - bc \quad \text{または} \quad \begin{vmatrix} a & b \\ c & d \end{vmatrix} = ad - bc$$

と表されます。

行列式 $ad - bc$ の値

太郎 確か，数を $\begin{pmatrix} a & b \\ c & d \end{pmatrix}$ のように並べたものは**行列**といいましたね。

先生 そう，英語では matrix といいます。昔は，活字を並べて印刷原版を作りましたが，それを matrix といっていました。行列式などを産み出す場（素地）という意味合いです。

太郎 訳語は即物的で味がないですね。

先生 行列 $A = \begin{pmatrix} a & b \\ c & d \end{pmatrix}$ と $B = \begin{pmatrix} a' & b' \\ c' & d' \end{pmatrix}$ の和は

$$A + B = \begin{pmatrix} a + a' & b + b' \\ c + c' & d + d' \end{pmatrix}$$

と各成分の和で定義され，行列の定数倍 kA は

$$kA = \begin{pmatrix} ka & kb \\ kc & kd \end{pmatrix}$$

と，すべての成分の k 倍で定義されます。

太郎 和の定義から

$$A + A = \begin{pmatrix} a & b \\ c & d \end{pmatrix} + \begin{pmatrix} a & b \\ c & d \end{pmatrix} = \begin{pmatrix} 2a & 2b \\ 2c & 2d \end{pmatrix}$$

ですから，定数倍の定義は納得できます。

先生 さて，行列 $A = \begin{pmatrix} a & b \\ c & d \end{pmatrix}$ に対し対角成分の積の差 $\delta = ad - bc$ を A の**行列式**といい，$\delta = \det(A)$ あるいは $|A|$ などと書くわけですが，ここではそれが2つのベクトル $\overrightarrow{OA} = (a, b)$, $\overrightarrow{OB} = (c, d)$ の張る平行四辺形の面積に等しいと分かったので，行列式を単に代数式と見るのではなく，面積という観点からその性質を幾何学的に追究してみましょう。

$\det(A) = 0$ は，$\overrightarrow{OA}$ と $\overrightarrow{OB}$ の張る平行四辺形がつぶれて，面積 $= 0$ ということだから，2つのベクトル (a, b), (c, d) が平行であることを示します。

行列の横の成分の並びが**行**，縦の成分の並びが**列**ですが，この行と列を入れ替えた行列 $A' = \begin{pmatrix} a & c \\ b & d \end{pmatrix}$ を行列 A の**転置行列**と呼びます。この転置行列に対しても，行列式は $\det(A') = ad - bc$ なので $\det(A) = \det(A')$ といえます。

太郎 ということは，$P(\vec{p})$, $Q(\vec{q})$ で $\vec{p} = (a, c)$, $\vec{q} = (b, d)$ とするとき，2つのベクトル $\overrightarrow{OP}$ と $\overrightarrow{OQ}$ で作られる平行四辺形の面積も $ad - bc$ になってないと，つじつまが合わないってことですよね。

先生 そうなっているかどうか，確かめてごらんなさい。

太郎 2点 $P(a, c)$, $Q(b, d)$ に対し点 Q から直線 OP に下ろした垂線の長さを求め，先ほどと同じことを行えば，$\overrightarrow{OP}$ と $\overrightarrow{OQ}$ の張る平行四辺形の面積は $ad - bc$ となって，同じ値が得られますね。

先生 行列は，ベクトルがパックされたものと見なすことができます。行ベクトル $\vec{a} = (a, b)$, $\vec{b} = (c, d)$ のパックと見れば，$\vec{a}$, $\vec{b}$ の張る平行四辺形の面積が行列式 $\det(A)$ だが，

列ベクトル $\vec{p} = \begin{pmatrix} a \\ c \end{pmatrix}$, $\vec{q} = \begin{pmatrix} b \\ d \end{pmatrix}$ が詰められたと見ても，2点 $P(a, c)$, $Q(b, d)$ に対し，$\overrightarrow{OP}$ と $\overrightarrow{OQ}$ の張る平行四辺形の面積になっていることが分かったわけです。このことから，列について成り立つことは行についても同様に成り立つといえるでしょう。

これから行列式の列についての性質を，平行四辺形の面積を考察することによって述べていきますが，それはそのまま行の性質と読み替えることができます。

まず，行列式の2つの列を入れ替えると，符号が逆になります。

$$\det(\vec{p}, \vec{q}) = -\det(\vec{q}, \vec{p})$$

計算で簡単に確認できますが，平行四辺形の面積の正負からもすぐ分かります。

太郎 $\overrightarrow{OP}$ から $\overrightarrow{OQ}$ へ至る角の向きと，$\overrightarrow{OQ}$ から $\overrightarrow{OP}$ に至る角の向きは逆ですからね。

先生 ベクトル $\vec{p}$, $\vec{q}$ に対して，$\vec{p}$, $\vec{q}$ の張る平行四辺形の面積と，$\vec{p}$, $\vec{q} + t\vec{p}$ の張る平行四辺形の面積は等しいので，

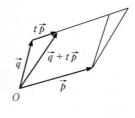

$$\det(\vec{p}, \vec{q}) = \det(\vec{p}, \vec{q} + t\vec{p})$$

が成り立ちます（図で確認してください）。

これは，列に他の列の t 倍を加えても行列式の値は変わらないということです。次の例は，これを利用して $\begin{pmatrix} 2 & -4 \\ 3 & 5 \end{pmatrix}$ の行列式の値を求めやすくしています。

例 $\det\begin{pmatrix} 2 & -4 \\ 3 & 5 \end{pmatrix} = \det\begin{pmatrix} 2 & -4+2\times 2 \\ 3 & 5+2\times 3 \end{pmatrix} = \det\begin{pmatrix} 2 & 0 \\ 3 & 11 \end{pmatrix} = 22$

太郎 第2列に第1列の2倍を加えて，0の成分を作ったのですね。

先生 行列式のある列が $\vec{p} + \vec{p}'$ のように分解されれば，

$\det(\vec{p} + \vec{p}', \vec{q})$
$= \det(\vec{p}, \vec{q})$
$\quad + \det(\vec{p}', \vec{q})$

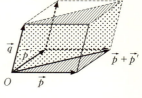

となります。これは $\vec{p} + \vec{p}'$ と $\vec{q}$ の張る平行四辺形の面積が，$\vec{p}$ と $\vec{q}$ および $\vec{p}'$ と $\vec{q}$ の張る平行四辺形の面積の和に等しいということで，右上の図で確認できます。

また，実数 k に対し次が成り立ちます。

$\det(\vec{p}, k\vec{q}) = k\det(\vec{p}, \vec{q})$

太郎 これも平行四辺形で考えると，右上の面積図からすぐ分かります。

先生 間違いやすいところを次の例で示しておきましょう。

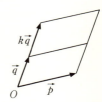

例 $A = \begin{pmatrix} 1 & -1 \\ 2 & 3 \end{pmatrix}$ のとき $\det(A) = 5$

ですが，$B = 3A = \begin{pmatrix} 3 & -3 \\ 6 & 9 \end{pmatrix}$ の行列式は $\det(B) = \det(3A) = 3\det(A)$ ではなく，$\det(B) = \det(3A) = 3^2\det(A)$ となります。

太郎 行列式の性質は列ごと（行ごと）の性質だから，第1列で3倍され第2列で3倍されるので，都合 $3 \times 3 = 9$ 倍されて $\det(B) = 45$ になるのですね。

$\det\begin{pmatrix} 3 & -3 \\ 6 & 9 \end{pmatrix} = \det\begin{pmatrix} 3\times 1 & 3\times(-1) \\ 3\times 2 & 3\times 3 \end{pmatrix}$

$$=3^2\cdot\det\begin{pmatrix}1 & -1\\ 2 & 3\end{pmatrix}$$

$$=9\times5=45$$

先生　そうです。右の図は $\vec{p}$, $\vec{q}$ 両方向が共に3倍されると，平行四辺形の面積は 3^2 倍になることを示しています。

太郎　一般に，$A=kB$ のとき

$\det(A)=k^2\det(B)$ なのですね。

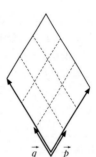

先生　そうです。

次に，連立方程式

$$\begin{cases}ax+by=u & \cdots\cdots\cdots① \\ cx+dy=v & \cdots\cdots\cdots②\end{cases}$$

の解を行列式で書くことについて話しておきましょう。この連立方程式を加減法で解くと？

太郎　①×d－②×b より　$(ad-bc)x=du-bv$
①×c－②×a より　$(bc-ad)y=cu-av$

よって，$ad-bc\neq0$ のときただ1組の解

$$x=\frac{du-bv}{ad-bc},\ y=\frac{av-cu}{ad-bc}\quad\cdots\cdots\cdots(*)$$

が求まります。

先生　この解は行列式で

$$x=\frac{\det\begin{pmatrix}u & b\\ v & d\end{pmatrix}}{\det\begin{pmatrix}a & b\\ c & d\end{pmatrix}},\ y=\frac{\det\begin{pmatrix}a & u\\ c & v\end{pmatrix}}{\det\begin{pmatrix}a & b\\ c & d\end{pmatrix}}\quad\cdots\cdots\cdots(*')$$

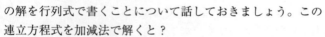

のように書くことができます。これは**クラメルの公式**と呼ば

れています。

分母は連立方程式の x, y の係数をそのままパックしたものの行列式で，分子は解 x については未知数 x の係数を定数項の数字で置き換えたもので，y についても同様です。

太郎 なるほど，そう見ると（∗）と書くよりこの行列式による表現の方が解の構造がよく分かるように思います。

練習 次の連立方程式をクラメルの公式で解け。

(1) $\begin{cases} x - 2y = -5 \\ 3x + y = 13 \end{cases}$ (2) $\begin{cases} x - 2y = 5 \\ 2x - 4y = 1 \end{cases}$

太郎 (1) $\det\begin{pmatrix} 1 & -2 \\ 3 & 1 \end{pmatrix} = 7 \neq 0$ から，ただ1組の解が存在します。分母は係数行列の行列式7で共通，分子は解 x については x の列を定数列に，y を求めるときには y の列を定数列に置き換え，これらの行列式を計算すると

$$x = \frac{\det\begin{pmatrix} -5 & -2 \\ 13 & 1 \end{pmatrix}}{7} = \frac{21}{7} = 3, \quad y = \frac{\det\begin{pmatrix} 1 & -5 \\ 3 & 13 \end{pmatrix}}{7} = \frac{28}{7} = 4$$

というのだから，実に明快です。

(2) は，x, y の係数行列の行列式が0ですが，この場合連立方程式を平面上の2直線と見れば，2つの直線は平行なので，それらに共通な解はありません。

先生 ここで，この公式の意味を"行列式が平行四辺形の面積を表す"ということから説明してみましょう。

前ページの連立方程式①，②は列ベクトルでまとめて，

$$x\begin{pmatrix} a \\ c \end{pmatrix} + y\begin{pmatrix} b \\ d \end{pmatrix} = \begin{pmatrix} u \\ v \end{pmatrix} \quad \cdots\cdots\cdots ①'$$

のように書ける。これは，ベクトル $\vec{u} = \begin{pmatrix} u \\ v \end{pmatrix}$ を $\vec{a} = \begin{pmatrix} a \\ c \end{pmatrix}$,

$\vec{b} = \begin{pmatrix} b \\ d \end{pmatrix}$ 2つのベクトルの合成として表そうとするときの係数が, x, y であることを示しています。

もし, $\vec{a} // \vec{b}$ でこれらが $\vec{u}$ と異なる方向のベクトルであるとき, $\vec{u}$ を $\vec{a}, \vec{b}$ の1次結合で書くことはできませんし, $\vec{a} // \vec{b} // \vec{u}$ なら x, y は1通りには決まりません。そこで $\vec{a} \not{/\!/} \vec{b}$ ($\det(A) \neq 0$) として, この場合の説明をしましょう。

連立方程式は $x\vec{a} + y\vec{b} = \vec{u}$ ………①″

と簡潔に書けますが, この解は

$$x = \frac{\det(\vec{u}, \vec{b})}{\det(\vec{a}, \vec{b})}, \quad y = \frac{\det(\vec{a}, \vec{u})}{\det(\vec{a}, \vec{b})} \quad (クラメルの公式)$$

です。

そこで, $\vec{u}, \vec{b}$ の張る平行四辺形の面積を今までの行列式の性質についての知識に基づいて計算すると,

$\det(\vec{u}, \vec{b}) = \det(x\vec{a} + y\vec{b}, \vec{b})$
$\qquad\qquad = \det(x\vec{a}, \vec{b}) = x \det(\vec{a}, \vec{b})$

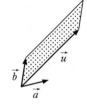

となります。これにより, x を

$x = \dfrac{\det(\vec{u}, \vec{b})}{\det(\vec{a}, \vec{b})}$ と求めることができました。

太郎 そうすると y は, 先生の真似をして

$\det(\vec{a}, \vec{u}) = \det(\vec{a}, x\vec{a} + y\vec{b})$
$\qquad\qquad = \det(\vec{a}, y\vec{b}) = y\det(\vec{a}, \vec{b})$

と計算して, ここから $y = \dfrac{\det(\vec{a}, \vec{u})}{\det(\vec{a}, \vec{b})}$ が示されます。

先生 もっと直接的に平行四辺形の面積を考えて結論するこ

ともできますよ。

$$x = \frac{\det(\vec{u}, \vec{b})}{\det(\vec{a}, \vec{b})}$$ は $\vec{a}, \vec{b}$ の張る平行四辺形の面積に対する

$\vec{u}, \vec{b}$ の張る平行四辺形の面積の比率ですね。一方，連立方程式①″で x, y は $\vec{u}$ を $\vec{a}, \vec{b}$ の1次結合で表す場合の $\vec{a}, \vec{b}$ それぞれの倍率なので，これが求まればよいわけです。

例えば x は，右図で OA と OA' の長さの比 $\dfrac{OA'}{OA}$ だから，$\vec{b}$ が共通なので $\vec{a}, \vec{b}$ の張る平行四辺形と，$\vec{u}, \vec{b}$ の張る平行四辺形の面積の比に等しくなります。

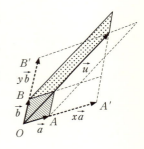

よって，$x = \dfrac{OA'}{OA} = \dfrac{\det(\vec{u}, \vec{b})}{\det(\vec{a}, \vec{b})}$

といえます。

同様にして，$\vec{b}$ の倍率である y すなわち $\dfrac{OB'}{OB}$ は，$\vec{a}, \vec{u}$ と $\vec{a}, \vec{b}$ の張る平行四辺形の面積の比に等しく，

$$y = \frac{OB'}{OB} = \frac{\det(\vec{a}, \vec{u})}{\det(\vec{a}, \vec{b})}$$

となります。

太郎 連立方程式がただ1組の解を有する条件が $ad - bc \neq 0$ だというに留まらず，その解の有り様まで図形的に説明できたし，分析した行列式の計算規則がそこに働いている様を見届けることもできて，驚きました。

ところで、この有用な「行列式」は、もっと次数の高い行列でも定義されるのですか？

先生 正方行列ならね。3次正方行列の行列式は、幾何学的には平行六面体の体積を表します。

太郎 その話、いつか聞かせてください。

先生 空間ベクトルの基本的なことを済ませたらお話しできるでしょう。

演習問題 ───────────────

1. 動点 P が3直線 $x+y-4=0$, $4x-3y+12=0$, $y=0$ で囲まれる三角形の内部または周上を動くとき、P から3直線への距離の和の最大値と最小値を求めよ。

2. 実数 t が $0 \leq t \leq 1$ の範囲を動くとき、
$$\overrightarrow{OP} = (t-1,\ t),\quad \overrightarrow{PQ} = (1,\ 1-2t)$$
で定められる点 P, Q に対し、$\triangle OPQ$ の面積の最小値を求めよ。

※解答はP241〜243です。

第10章
空間のベクトル

先生 空間のベクトルについて,簡単に触れておきましょう。

ベクトルについてこれまで2次元でやってきたこと・考え方は,3次元でもそのまま成り立ちます。

太郎 和・差・実数倍,分点公式,直線の方程式,……。

先生 次元が1つ増えたことによる影響は,空間では3つのベクトルがないと全てのベクトルを表すことができなくなることです。3次元といわれるゆえんです。

3つのベクトル $\vec{a}, \vec{b}, \vec{c}$ を,始点を O に揃え $\overrightarrow{OA} = \vec{a}, \overrightarrow{OB} = \vec{b}, \overrightarrow{OC} = \vec{c}$ としたとき $OABC$ が立体をなすならば,ベクトル $\vec{a}, \vec{b}, \vec{c}$ は**独立**であるといいます。要するにつぶれてペチャンコにならないことだよ。

このとき空間のどんなベクトル $\vec{p}$ も,$\vec{a}, \vec{b}, \vec{c}$ の1次結合で

$$\vec{p} = s\vec{a} + t\vec{b} + u\vec{c}$$

のようにただ1通りに書けます。

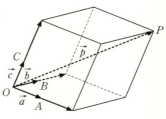

1通りというのは実数の係数 s, t, u の決まり方についてです。右上の図で分かるように,O を通る1つの平面に対し,定点 P を通る平行な平面は1つしか存在できないことによって,s, t, u の値が1つずつ決まってしまうということ

です。

座標についても，3次元では x, y, z の互いに直交する3つの座標軸を定めると，このことにより点が $P(x, y, z)$ のようにただ1通りに表されるので，位置ベクトルを $\overrightarrow{OP} = \vec{p}$ とおくと $\vec{p}$ は成分で $\vec{p} = (x, y, z)$ と表示され，大きさは $|\vec{p}| = \sqrt{x^2 + y^2 + z^2}$ となります。

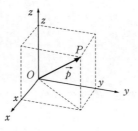

$\overrightarrow{OA} = \vec{a} = (a_1, a_2, a_3)$, $\overrightarrow{OB} = \vec{b} = (b_1, b_2, b_3)$ のとき，
$\overrightarrow{AB} = (b_1 - a_1, b_2 - a_2, b_3 - a_3)$,
$|\overrightarrow{AB}| = \sqrt{(b_1 - a_1)^2 + (b_2 - a_2)^2 + (b_3 - a_3)^2}$ です。

また、内積 $\vec{a} \cdot \vec{b}$ は，

$\vec{a} \cdot \vec{b} = a_1 b_1 + a_2 b_2 + a_3 b_3$

と z 座標の分が加わりますが，定義は $\vec{a} \cdot \vec{b} = |\vec{a}||\vec{b}|\cos\theta$ であり，次元によりません。また、コーシーの不等式 $|\vec{a} \cdot \vec{b}| \leq |\vec{a}||\vec{b}|$ も，ここから直ちに導かれ，これを成分表示すると

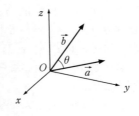

$$(a_1 b_1 + a_2 b_2 + a_3 b_3)^2 \leq (a_1^2 + a_2^2 + a_3^2)(b_1^2 + b_2^2 + b_3^2)$$

となります。等号は，$\vec{a} // \vec{b}$ のときです。

太郎 平行条件は，$\vec{a} \neq \vec{0}, \vec{b} \neq \vec{0}$ のとき

"$\vec{a} // \vec{b} \Leftrightarrow \vec{b} = k\vec{a}$ となる実数 k がある"

ですから，$(b_1, b_2, b_3) = k(a_1, a_2, a_3)$
すなわち $a_1 : a_2 : a_3 = b_1 : b_2 : b_3$ ですね。

先生 そうです。$a_1 : b_1 = a_2 : b_2 = a_3 : b_3$ とも表せて，$a_1 b_2 = a_2 b_1$ かつ $a_2 b_3 = a_3 b_2$ かつ $a_3 b_1 = a_1 b_3$ です。

なお，空間でも $\vec{a}, \vec{b}$ の張る平行四辺形の面積は

$$S=\sqrt{|\vec{a}|^2|\vec{b}|^2-(\vec{a}\cdot\vec{b})^2}$$

です。これを成分で表すと

$$S=\sqrt{(a_1^2+a_2^2+a_3^2)(b_1^2+b_2^2+b_3^2)-(a_1b_1+a_2b_2+a_3b_3)^2}$$

= ……展開して，平方完成すると……

$$=\sqrt{(a_1b_2-a_2b_1)^2+(a_2b_3-a_3b_2)^2+(a_3b_1-a_1b_3)^2}$$

となるので，$\vec{a}//\vec{b}$ は，$S=0$ と呼応して

$$a_1b_2-a_2b_1=0, \quad a_2b_3-a_3b_2=0, \quad a_3b_1-a_1b_3=0$$

が条件となります。

$\vec{a} \not\,/\!/ \vec{b}$ は，上の少なくとも1つが $\neq 0$ が条件です。

太郎 でも，空間って，何か苦手だな～。一筋縄ではいかない感じがしますもの。

先生 人間って，地面にはいつくばって生活しているじゃないですか。そういう生き物ですから，空間感覚には乏しいのです。

太郎 そうか，鳥じゃないもんね。だから，山に登って，自分より下に雲があり，下界にチマチマした人の街が広がるのを目にすると，天守閣から下界を見下ろす殿様のような爽快感を感じるのですね。

先生 元々空間にあるものは紙の上に書き表しにくいので，それを解決するために俯瞰図を分かりやすく書いたり，投影図の作法を知り，それをきっちり描く練習も必要です。そして何よりも，空間感覚を磨くための典型問題をいくつかやって，必要な技法を身に付けておくことが大切なわけです。

高所から眺めると，地表は平面に見える。空間の中で平面

とは何か？　その平面からの高さとは？……，そういう基本的なことから見直してみよう。平面はどのように決定されるか，[平面の決定条件] から復習しておきましょう。

太郎　1．一直線上にない3点
　　　　2．1直線とその上にない1点
　　　　3．交わる2直線
　　　　4．平行な2直線
の4つと，教科書で習いました。

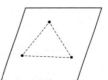

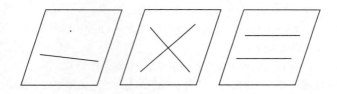

先生　結局のところは，三角形をなす3点で決まるということですね。

　直線が2点で決まることや，2直線の関係・それらのなす角，直線と平面の関係・それらのなす角，2平面の関係・それらのなす角などについては教科書を見ておいてください。

平面の方程式

先生　直線 n が平面 α に垂直であるとは，n が α 上のすべての直線に垂直であるときをいい，このとき $n \perp \alpha$ と書きますが，実は n が α 上の方向の異なる2本

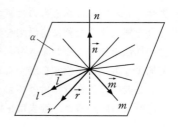

の直線 l, m に垂直ならば，同じ平面上のどんな直線とも垂直といえるので，直線と平面の垂直性を問題にするときは，これによります。

直線 n の方向ベクトルを $\vec{n}$，直線 l, m の方向ベクトルをそれぞれ $\vec{l}$, $\vec{m}$ とし，$\vec{n} \perp \vec{l}$, $\vec{n} \perp \vec{m}$ とします。平面 α 上の任意の直線を r とし，r の方向ベクトルを $\vec{r}$ とすると，$\vec{r}$ は $\vec{l}$ と $\vec{m}$ の1次結合で $\vec{r} = s\vec{l} + t\vec{m}$ と書けて，$\vec{n} \cdot \vec{l} = 0$ かつ $\vec{n} \cdot \vec{m} = 0$ だから
$$\vec{n} \cdot \vec{r} = \vec{n} \cdot (s\vec{l} + t\vec{m}) = s\vec{n} \cdot \vec{l} + t\vec{n} \cdot \vec{m} = 0$$
となり，$\vec{n} \perp \vec{r}$ が従うわけです。この $\vec{n}$ を平面 α の**法線ベクトル**（normal vector）といいます。

空間内の平面は，通る1点と法線ベクトル $\vec{n}$ により定まるのですから，点 $A(\vec{a})$ を通り $\vec{n}$（$\neq \vec{0}$）に垂直な平面 α 上の任意の点を $P(\vec{p})$ と置くと，

$\vec{n} \perp \overrightarrow{AP}$ または $\overrightarrow{AP} = \vec{0}$

が成り立ち，これを内積を用いて表すと $\vec{n} \cdot \overrightarrow{AP} = 0$ と書けます。
すなわち，
$$\vec{n} \cdot (\vec{p} - \vec{a}) = 0 \quad \cdots\cdots\cdots ①$$
です。

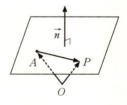

これを平面 α のベクトル方程式といいます。

太郎 平面内の直線を法線ベクトルで書く場合と同じですね。

先生 点 O を座標空間の原点とし，点 A の座標を (x_1, y_1, z_1)，法線ベクトルを $\vec{n} = (a, b, c)$ とすると，平面上の点 $P(x, y, z)$ は①より
$$a(x - x_1) + b(y - y_1) + c(z - z_1) = 0 \quad \cdots\cdots\cdots ②$$
と表されます。これを展開すると

$$ax + by + cz - (ax_1 + by_1 + cz_1) = 0$$
$d = -(ax_1 + by_1 + cz_1)$ とおくと
$$ax + by + cz + d = 0 \quad \cdots\cdots\cdots ③$$

これは直交座標による平面の方程式であり，x, y, z の係数を抜き出して作られるベクトル (a, b, c) は平面③の法線ベクトルです。また，$ax_1 + by_1 + cz_1 + d = 0$ は点 $A(x_1, y_1, z_1)$ が平面③上にあることを示します。

これら一連の事柄は，平面内の直線に対しその法線ベクトルが果たす役割と同じですね。

例 法線ベクトルが $\vec{n} = (1, 2, 3)$ で，点 $A(3, 2, -1)$ を通る平面の方程式を求めよ。

太郎 ②式に当てはめて，$1(x-3) + 2(y-2) + 3(z+1) = 0$ より
$$x + 2y + 3z - 4 = 0$$

先生 法線ベクトルが $\vec{n} = (1, 2, 3)$ であることから先に $x + 2y + 3z + d = 0$ とおき，ここに点 $x=3, y=2, z=-1$ を代入して，$d = -4$ を求めてもよいですね。

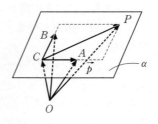

さて，一直線上にない3点 A, B, C によっても平面は定まるから，これら3点で決定される平面 α のベクトル方程式を，A, B, C の位置ベクトルをそれぞれ $\vec{a}, \vec{b}, \vec{c}$ として求めてみましょう。α 上の任意の点を $P(\vec{p})$ とすると，$\overrightarrow{CP}$ は $\overrightarrow{CA}$ と $\overrightarrow{CB}$ の1次結合によって

第10章　空間のベクトル

$$\overrightarrow{CP} = s\overrightarrow{CA} + t\overrightarrow{CB} \quad (s, t \text{は実数}) \quad \cdots\cdots ④$$

とただ1通りに書けます。これが点 P が平面 α 上にある条件です。この④を，始点 O によって書き直すと

$$\overrightarrow{OP} - \overrightarrow{OC} = s(\overrightarrow{OA} - \overrightarrow{OC}) + t(\overrightarrow{OB} - \overrightarrow{OC})$$
$$\therefore \overrightarrow{OP} = s\overrightarrow{OA} + t\overrightarrow{OB} + (1-s-t)\overrightarrow{OC}$$

よって　$\vec{p} = s\vec{a} + t\vec{b} + (1-s-t)\vec{c}$　となり，

ここで $1-s-t=u$ とおくと，$\vec{p}$ は次のように表されます。

$$\vec{p} = s\vec{a} + t\vec{b} + u\vec{c} \quad (\text{ただし}\quad s+t+u=1) \quad \cdots\cdots ⑤$$

逆に，$\vec{p}$ がこの形に表されると，上の計算を逆にたどることで④が成り立ち，点 $P(\vec{p})$ は平面 α 上にあることになり，

$$\left(\begin{array}{l}\text{点 } P(\vec{p}) \text{ が3点 } A(\vec{a}),\ B(\vec{b}),\ C(\vec{c}) \\ \text{の定める平面 } ABC \text{ 上にある。}\end{array}\right)$$

$$\Leftrightarrow \left(\begin{array}{l}\vec{p} = s\vec{a} + t\vec{b} + u\vec{c},\ s+t+u=1 \\ \text{となる実数 } s,\ t,\ u \text{ がある。}\end{array}\right)$$

が分かります。

例題1　四面体 $OABC$ において，$\triangle ABC$ の重心を G，辺 OA の中点を M とし，OG と $\triangle MBC$ の交点を H とするとき，$OH:HG$ を求めよ。

太郎　$\overrightarrow{OA} = \vec{a},\ \overrightarrow{OB} = \vec{b},\ \overrightarrow{OC} = \vec{c}$ とおきます。

G は $\triangle ABC$ の重心なので

$$\overrightarrow{OG} = \frac{\vec{a} + \vec{b} + \vec{c}}{3}$$

$OH:HG = k:1-k$ とおくと，
$\overrightarrow{OH} = k\overrightarrow{OG}$ から

$$\overrightarrow{OH} = k\left(\frac{\vec{a} + \vec{b} + \vec{c}}{3}\right)$$

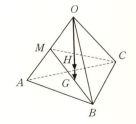

177

$$= \frac{k}{3}\vec{a} + \frac{k}{3}\vec{b} + \frac{k}{3}\vec{c} \quad \cdots\cdots\cdots ①$$

また，H が平面 MBC 上にあるための条件は，実数 s, t により $\overrightarrow{MH} = s\overrightarrow{MB} + t\overrightarrow{MC}$ と表せることなので，$\overrightarrow{OH}$ は

$$\begin{aligned}\overrightarrow{OH} &= \overrightarrow{OM} + s\overrightarrow{MB} + t\overrightarrow{MC} \\ &= \overrightarrow{OM} + s(\overrightarrow{OB} - \overrightarrow{OM}) + t(\overrightarrow{OC} - \overrightarrow{OM}) \\ &= (1-s-t)\overrightarrow{OM} + s\overrightarrow{OB} + t\overrightarrow{OC}\end{aligned}$$

とも書けます。$\overrightarrow{OM} = \frac{1}{2}\vec{a}$ により

$$\overrightarrow{OH} = \frac{1}{2}(1-s-t)\vec{a} + s\vec{b} + t\vec{c} \quad \cdots\cdots\cdots ②$$

これで $\overrightarrow{OH}$ が $\vec{a}, \vec{b}, \vec{c}$ によって2通りに書けたけれども，$OABC$ は立体をなしているので，この書き表し方は1通りですから，①，②の係数を比べて

$$\frac{k}{3} = \frac{1-s-t}{2}, \ \frac{k}{3} = s, \ \frac{k}{3} = t$$

これを解いて $k = \frac{3}{4}$ $\quad \therefore \overrightarrow{OH} = \frac{3}{4}\overrightarrow{OG}$

よって，$OH : HG = 3 : 1$ が求められます。

先生 この問題を，"点が平面上にある $\Leftrightarrow$ 係数の和 $= 1$" によって解こうとすると，少し注意が必要です。

①式の $\overrightarrow{OA}$ を $\overrightarrow{OM}$ で書き換えると，$\overrightarrow{OA} = 2\overrightarrow{OM}$ だから

$$\overrightarrow{OH} = \frac{2k}{3}\overrightarrow{OM} + \frac{k}{3}\overrightarrow{OB} + \frac{k}{3}\overrightarrow{OC}$$

と表せます。そうすると

"点 H が平面 MBC 上にある $\Leftrightarrow$ 係数の和 $= 1$" によって解くことができ，$\frac{2k}{3} + \frac{k}{3} + \frac{k}{3} = 1$ $\quad \therefore k = \frac{3}{4}$

と求まるのです。

太郎 ちょっとした注意で，ずいぶん簡単に解けるのです

ね。

ところで，H は OG を $3:1$ に内分する点ですが，この点は四面体の重心と言えるということですか？

先生 3 中線の交点は三角形の重心でしたね。四面体に対して $\triangle MBC$ のような面を中面と呼ぶことにすると，4 つの中面は 1 点 H で交わることが示せます。

太郎 重心の概念が自然に平面（三角形）から空間（四面体）に広がっていきますね。

先生 さて，座標空間で，3 点 A, B, C によって決まる平面 α の法線ベクトルを $\vec{n}$ とすると，$\vec{n}$ の方向は平面 α 上の 2 つのベクトル $\vec{CA}$ と $\vec{CB}$ によって決まるので，これら 2 つのベクトルから法線ベクトル $\vec{n}$ を求める方法を見ておくのは有用なことです。

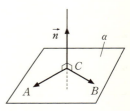

$\vec{CA} = \vec{a} = (a_1, a_2, a_3)$，$\vec{CB} = \vec{b} = (b_1, b_2, b_3)$ とおき，これら両方に垂直なベクトルを $\vec{n} = (l, m, n)$ として，$\vec{n}$ を求めようというのです。

$\vec{n} \perp \vec{a}$ より，　$a_1 l + a_2 m + a_3 n = 0$ ……… (1)

$\vec{n} \perp \vec{b}$ より，　$b_1 l + b_2 m + b_3 n = 0$ ……… (2)

$(1) \times b_2 - (2) \times a_2$ より m を消去して，
　　$(a_1 b_2 - a_2 b_1) l + (a_3 b_2 - a_2 b_3) n = 0$

$(1) \times b_1 - (2) \times a_1$ より l を消去して，
　　$(a_2 b_1 - a_1 b_2) m + (a_3 b_1 - a_1 b_3) n = 0$

よって，
　　$l : m : n = a_2 b_3 - a_3 b_2 : a_3 b_1 - a_1 b_3 : a_1 b_2 - a_2 b_1$

となる。l, m, n すなわち $\vec{n}$ は 1 通りには決まらないが，

$n = a_1b_2 - a_2b_1$ とすると

$$\vec{n} = (a_2b_3 - a_3b_2,\ a_3b_1 - a_1b_3,\ a_1b_2 - a_2b_1)$$

と整った形で書かれます。

これは法線ベクトルの1つにすぎませんが，全てだと言ってもよいほど重要な，記憶すべき式です。

これは，右図のように $\vec{a}, \vec{b}$ の成分を行表示し，さらに x 成分を付け加えて書き，自分の場所から1つずらしたところで行列式をとるというように，模式的に記憶しておくとよいです。

太郎 これなら覚えやすくていいですね。

先生 この辺りで練習しておきましょうか。

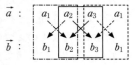

例題2 3点 $A(3, 1, -2)$, $B(1, 0, -1)$, $C(-1, 2, 1)$ の定める平面 ABC と，原点 O を通り方向ベクトルが $\vec{d} = (1, 4, -1)$ である直線 l との交点 P の座標を求めよ。

太郎 $P(x, y, z)$ とおきます。

まず，P は平面 ABC 上の点だから $\overrightarrow{CP} = (x+1, y-2, z-1)$ は，$\overrightarrow{CA} = (4, -1, -3)$ と $\overrightarrow{CB} = (2, -2, -2)$ の1次結合で，

$$\overrightarrow{CP} = s\overrightarrow{CA} + t\overrightarrow{CB}$$

(s, t は実数)

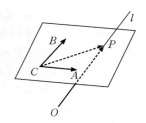

と書けるから，

$$(x+1,\ y-2,\ z-1) = s(4, -1, -3) + t(2, -2, -2)$$

よって $\begin{cases} 4s+2t=x+1 & \cdots\cdots\cdots ① \\ -s-2t=y-2 & \cdots\cdots\cdots ② \\ -3s-2t=z-1 & \cdots\cdots\cdots ③ \end{cases}$

①+②より $3s=x+y-1$ $\cdots\cdots\cdots ④$

①+③より $s=x+z$ $\cdots\cdots\cdots ⑤$

④, ⑤から s を消去することにより平面 ABC の方程式
$$2x-y+3z+1=0 \quad \cdots\cdots\cdots (*)$$
を得る。また, P は直線 l 上の点だから
$\overrightarrow{OP}=k\vec{d}=k(1,\ 4,\ -1)$ より
$$x=k,\ y=4k,\ z=-k \quad \cdots\cdots\cdots (**)$$
これらを $(*)$ に代入して, $k=\dfrac{1}{5}$

よって, 交点 P の座標 $P\left(\dfrac{1}{5},\ \dfrac{4}{5},\ -\dfrac{1}{5}\right)$ を得ます。

先生 平面 ABC の法線ベクトルを先に求めてしまう方が, もう少し簡単に導くことができます。

$\overrightarrow{CA}=(4,\ -1,\ -3)$
$\overrightarrow{CB}=(2,\ -2,\ -2)$

の両方に垂直なベクトルを求めると $(l,\ m,\ n)=(-4,\ 2,\ -6)$ を得ますから, 法線ベクトルとして $\vec{n}=(2,\ -1,\ 3)$ を選ぶと, 平面の方程式は $2x-y+3z+d=0$ と表せ, 点 $C(-1,\ 2,\ 1)$ を通ることから $d=1$ が求まり, 平面 ABC の方程式が $2x-y+3z+1=0$ と確定します。この1次方程式に $(**)$ を代入して $k=\dfrac{1}{5}$ を得る方が, 少し簡単になりますね。

では続けて, もう一題。

例題3 3点 $A(2, 0, 0)$, $B(0, 1, 0)$, $C(0, 0, 2)$ の定める平面を α とし，原点 O から平面 α に垂線 OH を下ろす。
(1) 点 H の座標を求めよ。
(2) $\triangle ABC$ の面積を求めよ。

太郎 まず，2つのベクトル $\overrightarrow{CA}$ と $\overrightarrow{CB}$ の両方に垂直なベクトルを求めます。それで，平面 α の方程式も分かるし，垂線 OH も分かります。

$\overrightarrow{CA} = (2, 0, -2)$
$\overrightarrow{CB} = (0, 1, -2)$

の2つに垂直なベクトルの1つは $(2, 4, 2)$ だから，法線ベクトルとして $\vec{n} = (1, 2, 1)$ を選ぶと，平面 α の方程式は

$x + 2y + z + d = 0$

点 $C(0, 0, 2)$ はこの平面上にあるから $d = -2$ が求まり，
平面 α の方程式 $x + 2y + z - 2 = 0$ ………①
が定まります。

一方，OH は平面 α への垂線だから実数 k によって
$\overrightarrow{OH} = k\vec{n} = (k, 2k, k)$ と書け，H は平面 α 上の点だから
①により $k + 2 \cdot 2k + k - 2 = 0$ $\quad \therefore k = \dfrac{1}{3}$

よって，$H\left(\dfrac{1}{3}, \dfrac{2}{3}, \dfrac{1}{3}\right)$

先生 平面 ABC のベクトル方程式を s, t をパラメーターとして，$\overrightarrow{OP} = \overrightarrow{OC} + s\overrightarrow{CA} + t\overrightarrow{CB}$
として解き進めてもよいですね。本問では，

$$(x, y, z) = (0, 0, 2) + s(2, 0, -2) + t(0, 1, -2)$$

から $x = 2s, y = t, z = 2 - 2s - 2t$

となり，ここから s, t を消去するのは容易で，直ちに

$$x + 2y + z - 2 = 0$$

が求まり，ここから法線ベクトル $\vec{n} = (1, 2, 1)$ を得るという流れになります。

なお，一般に x 切片 a, y 切片 b, z 切片 c の平面は，

$$\frac{x}{a} + \frac{y}{b} + \frac{z}{c} = 1$$

といった方程式でも表せます。

次の (2) はどうですか？

太郎 $\triangle ABC$ の面積ですね。これは，垂線 OH の長さ（高さ）と四面体 $OABC$ の体積から底面の面積として求めさせようという魂胆ですね。

$$OH^2 = \frac{1}{9} + \frac{4}{9} + \frac{1}{9} = \frac{6}{9} \text{ より}\quad OH = \frac{\sqrt{6}}{3}$$

四面体 $OABC$ の体積 V は

$$V = \frac{1}{3} \times \triangle OAB \times OC = \frac{1}{3} \times 1 \times 2 = \frac{2}{3}$$

一方，$\triangle ABC$ の面積を S とすると V は

$$V = \frac{1}{3} \times S \times OH = \frac{\sqrt{6}}{9} S$$

とも書けるから，$\dfrac{\sqrt{6}}{9} S = \dfrac{2}{3}$ より $S = \sqrt{6}$ です。

先生 $\triangle ABC$ の面積 S は，公式

$$S = \frac{1}{2} \sqrt{|\overrightarrow{CA}|^2 |\overrightarrow{CB}|^2 - (\overrightarrow{CA} \cdot \overrightarrow{CB})^2}$$

によって求めてもよい。この公式は，3次元でも変わらず成

り立ちますからね。これによると，$\vec{CA} \cdot \vec{CB} = 2 \cdot 0 + 0 \cdot 1 + (-2) \cdot (-2) = 4$ より

$$S = \frac{1}{2}\sqrt{8 \times 5 - 4^2} = \sqrt{6}$$

と簡単に結果が得られます。

なお，点 $A(x_1, y_1, z_1)$ から平面

$ax + by + cz + d = 0$

に下ろした垂線の足を H とすると，点 A と平面の距離について

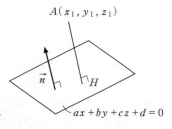

$$|\vec{AH}| = \frac{|ax_1 + by_1 + cz_1 + d|}{\sqrt{a^2 + b^2 + c^2}}$$

という公式がありますが，この公式は，座標平面で点と直線の距離を求めたのと全く同じ方法で導くことができます。

本問の場合も，原点 O から平面 $x + 2y + z - 2 = 0$ に下ろした垂線 OH の長さだけなら，

$$OH = \frac{|-2|}{\sqrt{1^2 + 2^2 + 1^2}} = \frac{2}{\sqrt{6}} = \frac{\sqrt{6}}{3}$$

のように簡単に求まります。

なお，$\vec{HA}$ の向きが法線ベクトル $\vec{n}$ の向きと同じなら絶対値の中身の符号は正で，反対なら負です。

太郎 本問の場合は -2 と負ですから $\vec{HA}$ と $\vec{n}$ の向きは逆で，図の上からも確認できます。

先生 さて，次の問題です。

例題 4 座標空間に 3 点 $A(a, 0, 0)$, $B(0, b, 0)$, $C(0, 0, c)$ がある（ただし，a, b, c は正の定数）。
$\triangle ABC$, $\triangle OAB$, $\triangle OBC$, $\triangle OCA$ の面積を，それぞれ S, S_1, S_2, S_3 とするとき，次のことを示せ。
(1) $S^2 = S_1^2 + S_2^2 + S_3^2$
(2) $\sqrt{3}\, S \geq S_1 + S_2 + S_3$

太郎 前半は，いろいろなやり方が可能なようですね。

まず，早速習ったことを使って$\triangle ABC$ の面積 S から求めます。

$$S = \frac{1}{2}\sqrt{|\vec{CA}|^2|\vec{CB}|^2 - (\vec{CA}\cdot\vec{CB})^2}$$

ここで，$\vec{CA} = (a, 0, -c)$, $\vec{CB} = (0, b, -c)$ なので

$|\vec{CA}|^2 = a^2 + c^2$, $|\vec{CB}|^2 = b^2 + c^2$, $\vec{CA}\cdot\vec{CB} = c^2$

よって，$S = \frac{1}{2}\sqrt{(a^2+c^2)(b^2+c^2) - c^4}$
$= \frac{1}{2}\sqrt{a^2b^2 + b^2c^2 + c^2a^2}$

一方，$S_1 = \triangle OAB = \frac{1}{2}ab$, $S_2 = \triangle OBC = \frac{1}{2}bc$,
$S_3 = \triangle OCA = \frac{1}{2}ca$ だから

$$S_1^2 + S_2^2 + S_3^2 = \frac{1}{4}(a^2b^2 + b^2c^2 + c^2a^2)$$

よって，$S^2 = S_1^2 + S_2^2 + S_3^2$

先生 これは，斜面の面積について三平方の定理が成り立っていると見なすことができます。

太郎 面白いですね。

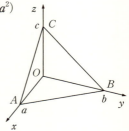

前問の (2) はこれを使ったら簡単ですね。

でも、この先はどうすればいいのでしょう？

先生 コーシーの不等式によるのが最も楽です。

太郎 $(a_1b_1 + a_2b_2 + a_3b_3)^2$
$\leq (a_1^2 + a_2^2 + a_3^2)(b_1^2 + b_2^2 + b_3^2)$

ですか。

先生 不等式で $a_1 = a_2 = a_3 = 1$, $b_1 = S_1$, $b_2 = S_2$, $b_3 = S_3$ と置きます。

太郎 すると、

$$(S_1 + S_2 + S_3)^2 \leq (1^2 + 1^2 + 1^2)(S_1^2 + S_2^2 + S_3^2)$$

ですが、(1) の $S^2 = S_1^2 + S_2^2 + S_3^2$ より

$(S_1 + S_2 + S_3)^2 \leq 3S^2$ $\therefore S_1 + S_2 + S_3 \leq \sqrt{3}\, S$

等号は、$S_1 : S_2 : S_3 = 1 : 1 : 1$ すなわち $S_1 = S_2 = S_3$ のとき、つまり、$ab = bc = ca$ すなわち $a = b = c$ のとき成り立ちます。

球面のベクトル方程式

先生 最後に、球面のベクトル方程式について触れておきましょう。

点 $C(\vec{c})$ を中心とする半径 r の球面上の任意の点を $P(\vec{p})$ とすると、つねに $|\overrightarrow{CP}| = r$ が成り立つことから、

$|\vec{p} - \vec{c}| = r$ ………①

これを、球面のベクトル方程式といいます。式だけ見れば、平面における円の方程式と何ら変わりがありません。

両辺を平方して $|\vec{p} - \vec{c}|^2 = r^2$ ………②

とすると、②は座標空間での球面の方程式に対応します。

すなわち、中心の座標を $C(a, b, c)$、球面上の任意の点を $P(x, y, z)$ とすると、②は

$(x-a)^2 + (y-b)^2 + (z-c)^2 = r^2$ ………②′

と表せるわけです。

特に、原点 O を中心とする半径 r の球面は
$$x^2 + y^2 + z^2 = r^2$$
となります。

太郎 いずれも、平面上の円に対して z 座標が加わっただけということですね。

先生 球面上の点 $A(\vec{a})$ における接平面の方程式は、接平面上の点を $P(\vec{p})$ とすると、$\overrightarrow{AP} \perp \overrightarrow{CA}$ より
$$(\vec{p} - \vec{a}) \cdot (\vec{a} - \vec{c}) = 0$$
これを
$$(\vec{p} - \vec{c} + \vec{c} - \vec{a}) \cdot (\vec{a} - \vec{c}) = 0$$

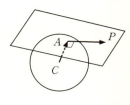

のように変形して少し計算していくと、
$$(\vec{p} - \vec{c}) \cdot (\vec{a} - \vec{c}) = r^2$$
となり、球面の式 $(\vec{p} - \vec{c}) \cdot (\vec{p} - \vec{c}) = r^2$ の内積部分の片方の $\vec{p}$ を接点 A の位置ベクトル $\vec{a}$ で置き換えることで、接平面の方程式が得られるという、きれいな結果に至ります。

太郎 これを座標に直せば、接点を $A(x_0, y_0, z_0)$、接平面上の点を $P(x, y, z)$ として、
$$(x_0 - a)(x - a) + (y_0 - b)(y - b) + (z_0 - c)(z - c) = r^2$$
となりますね。原点を中心とする球なら、接平面は
$$x_0 x + y_0 y + z_0 z = r^2$$
という方程式で表せ、$\vec{n} = (x_0, y_0, z_0)$ がこの平面の法線ベクトルであるのですね。

先生 では、最後の問題です。

例題5 点 $A(0, 1, 3)$ を通り，球面 $x^2+y^2+(z-1)^2=1$ に接する直線の全体を考える。このとき，

(1) 直線と球面の接点の全体は1つの平面上にある。この平面の方程式を求めよ。

(2) これらの直線が xy 平面と交わる点の全体は，xy 平面上の曲線となる。この曲線の方程式を求めよ。

球の接線については，正射影とのからみで内積を捉えると，解きやすくなりますよ。

太郎 この球面は半径1で，中心 $C(0, 0, 1)$ ですね。

(1) 題意の直線との接点を $P(x, y, z)$ とすると，

$$\vec{CP} \perp \vec{AP}, \quad |\vec{CP}|=1$$

が成り立っています。

先生 それを前提に $\vec{CP}$ と $\vec{CA}$ の内積を考えていきましょう。

太郎 $\vec{CP} \cdot \vec{CA} = |\vec{CP}||\vec{CA}|\cos\theta = |\vec{CP}|^2 = 1$

ここで，$\vec{CP} = (x, y, z-1)$，$\vec{CA} = (0, 1, 2)$ だから

$$y+2(z-1)=1 \quad \therefore y+2z-3=0$$

(2) は，直線 AP が xy 平面と交わる点を $Q(X, Y, 0)$ とおきます。

先生 ここで，$\vec{AC}$ と $\vec{AQ}$ の内積を考えましょう。

太郎 $\vec{AC}$ と $\vec{AQ}$ のなす角を α とすると $|\vec{AP}|=|\vec{AC}|\cos\alpha$ なので $\vec{AC} \cdot \vec{AQ} = |\vec{AP}||\vec{AQ}|$ ……①

ですね。三平方の定理から

$$AP=\sqrt{CA^2-CP^2}=\sqrt{(0^2+1^2+2^2)-1^2}=\sqrt{5-1}=2$$

また，$\vec{AQ} = (X, Y-1, -3)$, $\vec{AC} = (0, -1, -2)$
これらを①式に代入して
$$-(Y-1)+6 = 2\sqrt{X^2+(Y-1)^2+9}$$
平方して整理すると，$4X^2+3(Y+1)^2 = 12$

普通の座標に直して，$\dfrac{x^2}{3} + \dfrac{(y+1)^2}{4} = 1$, $z=0$ （楕円）

先生 球が内接した円錐を考えて
みましょう。

そのとき，接触する部分は，(1)
が示すように 1 次方程式 $y+2z-3=0$ で表される平面の一部なわけ
です。

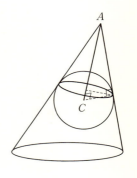

法線ベクトルは $\vec{n} = (0, 1, 2)$
で，$\vec{CA}$ と同じですから，円錐を
中心軸 $\vec{CA}$ に垂直な平面で切った
ことになります。よって，接触部
分は円をなすことが分かります。

(2) は円錐を軸と少し角度をつけて切った場合に相当し，切
り口が楕円であることを示します。

なお，母線に平行な平面で切断すると切り口が放物線に，
中心軸と平行な平面で切断すると切り口が双曲線になること
は，古代ギリシアの時代から知られていて，これらの曲線は
円錐曲線と総称されます。

演習問題

1．空間の 3 点 $A(\vec{a})$, $B(\vec{b})$, $C(\vec{c})$ に対し，
$\vec{p} = \dfrac{1}{2}\vec{a} + \dfrac{1}{3}\vec{b} + \dfrac{1}{6}\vec{c}$ を満たす点 $P(\vec{p})$ の位置を言え。

2. $\angle AOC = \angle BOC = 60°$, $\angle AOB = 90°$, $OA = OB = 1$, $OC = 2$ である四面体 $OABC$ があり,頂点 O から平面 ABC に下ろした垂線の足を H とし,$\vec{OA} = \vec{a}$, $\vec{OB} = \vec{b}$, $\vec{OC} = \vec{c}$ とおく。このとき,次の問いに答えよ。
(1) $\vec{OH}$ を $\vec{a}$, $\vec{b}$, $\vec{c}$ で表せ。
(2) 垂線 OH の長さを求めよ。

3. 座標空間に 3 点 A, B, C があり,$A(1, 0, 0)$, $B(0, 1, 0)$ で,点 C は z 座標が正で $OC = 2$, $\angle AOC = \angle BOC = 60°$ を満たす。このとき,次のものを求めよ。
(1) 点 C の座標
(2) 原点 O から平面 ABC に下ろした垂線の足 H の座標
(3) $\triangle ABC$ の面積

4. 空間において,点 $A(3, 0, 6)$ と球 $(x-3)^2 + (y-4)^2 + (z-4)^2 = 4$ が与えられている。点 A からこの球面に任意の接線を引き,それが xy 平面と交わる点 P はある曲線上にある。その方程式を求めよ。

5. 点 $A(1, -2, -1)$ と点 $P(0, 0, k)$ を結ぶ直線が球 $x^2 + y^2 + z^2 = 1$ に接するように k の値を定めよ。

※解答はP243〜249です。

第11章
平行六面体の体積と行列式
ベクトルの外積から3次の行列式へ

太郎 3次の正方行列の行列式の話,ぜひ聞かせてください。

先生 実は3次の行列式が平行六面体の体積を表す,というところまでなら高校の領域なのですよ。

平行六面体の体積

先生 座標空間では,平面は

$$ax+by+cz+d=0 \quad \cdots\cdots (*)$$

という,x, y, z の1次方程式で表されます。平面 $(*)$ の法線ベクトルは $\vec{n}=(a, b, c)$ です。

点 $A(x_1, y_1, z_1)$ からこの平面に下ろした垂線の足を H とすると,点 A と平面の距離は

$$|\overrightarrow{HA}| = \frac{|ax_1+by_1+cz_1+d|}{\sqrt{a^2+b^2+c^2}}$$

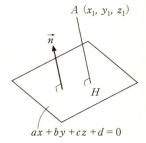

であり,これは座標平面で点と直線の距離を導いたのと全く同じ方法で導けます。

太郎 分子の絶対値の中身の符号は,$\overrightarrow{HA}$ が法線ベクトル $\vec{n}$ と同じ向きのときは正で,逆向きのときは負となるのですね。

先生 それも平面の場合と全く同じです。

いま,$P(p_x, p_y, p_z)$,$Q(q_x, q_y, q_z)$,$R(r_x, r_y, r_z)$ として,

$\overrightarrow{OP}$, $\overrightarrow{OQ}$, $\overrightarrow{OR}$ を隣り合う3辺とする平行六面体を考えてみましょう。

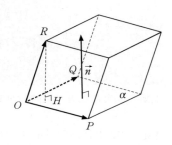

まず, 3点 O, P, Q の定める平面を α とし, 平面 α の法線ベクトルを求めます。

太郎 法線ベクトルを $\vec{n} = (a, b, c)$ とすると, $\vec{n}$ は $\overrightarrow{OP}$, $\overrightarrow{OQ}$ の両方に垂直だから, 例の方法で, 法線ベクトルの1つ

$$\vec{n} = (p_y q_z - p_z q_y,\ p_z q_x - p_x q_z,\ p_x q_y - p_y q_x) \quad \cdots\cdots (**)$$

を得ることができます。

先生 このように求めた法線ベクトル $\vec{n}$ の大きさは, $\overrightarrow{OP}$, $\overrightarrow{OQ}$ の張る平行四辺形の面積 S に等しいのです。

太郎 へぇ〜。

先生 そこが, 決定的に重要なのですよ。

このことを, $S = |\overrightarrow{OP}||\overrightarrow{OQ}|\sin\theta$ から導いてください。

太郎 $0° \leq \theta \leq 180°$ のとき $\sin\theta = \sqrt{1 - \cos^2\theta}$ ですから, 上の面積公式は

$$S = |\overrightarrow{OP}||\overrightarrow{OQ}|\sqrt{1 - \cos^2\theta}$$

$$= \sqrt{|\overrightarrow{OP}|^2|\overrightarrow{OQ}|^2 - (|\overrightarrow{OP}||\overrightarrow{OQ}|\cos\theta)^2}$$

ここで, $\overrightarrow{OP}$, $\overrightarrow{OQ}$ の内積 $\overrightarrow{OP} \cdot \overrightarrow{OQ} = |\overrightarrow{OP}||\overrightarrow{OQ}|\cos\theta$ から

$$S = \sqrt{|\overrightarrow{OP}|^2|\overrightarrow{OQ}|^2 - (\overrightarrow{OP} \cdot \overrightarrow{OQ})^2}$$

$\overrightarrow{OP}$, $\overrightarrow{OQ}$ の成分を代入すると,

$$S = \sqrt{(p_x^2 + p_y^2 + p_z^2)(q_x^2 + q_y^2 + q_z^2) - (p_x q_x + p_y q_y + p_z q_z)^2}$$

$$= \cdots 展開して平方完成すると\cdots$$
$$= \sqrt{(p_y q_z - p_z q_y)^2 + (p_z q_x - p_x q_z)^2 + (p_x q_y - p_y q_x)^2}$$

法線ベクトル（**）は，この括弧内を順に a, b, c とおき $\vec{n} = (a, b, c)$ としたものですから，面積 S は確かに $\vec{n}$ の大きさ $|\vec{n}|$ に等しいです。

先生 これで法線ベクトルが求まったので，$\overrightarrow{OP}, \overrightarrow{OQ}$ の張る平面 α の方程式として，

$$(p_y q_z - p_z q_y)x + (p_z q_x - p_x q_z)y + (p_x q_y - p_y q_x)z = 0$$

が得られました。

したがって，点 $R(r_x, r_y, r_z)$ から平面 α に下ろした垂線の足を H とすると，点と平面の距離の公式から，高さ $|\overrightarrow{HR}|$ が

$$|\overrightarrow{HR}| = \frac{|(p_y q_z - p_z q_y)r_x + (p_z q_x - p_x q_z)r_y + (p_x q_y - p_y q_x)r_z|}{\sqrt{(p_y q_z - p_z q_y)^2 + (p_z q_x - p_x q_z)^2 + (p_x q_y - p_y q_x)^2}}$$

と求まります。この分母は，$\overrightarrow{OP}, \overrightarrow{OQ}$ の張る平行四辺形の面積 S に等しいことに注意してください。

太郎 そうか，$\overrightarrow{OP}, \overrightarrow{OQ}, \overrightarrow{OR}$ を3辺とする平行六面体の体積 V_6 は，底面の平行四辺形の面積 S と高さ $|\overrightarrow{HR}|$ の積だから，$V_6 = S \times |\overrightarrow{HR}|$ で，$|\overrightarrow{HR}|$ の分母と S は約されるから，体積は

$$V_6 = |(p_y q_z - p_z q_y)r_x + (p_z q_x - p_x q_z)r_y + (p_x q_y - p_y q_x)r_z|$$

と，すっきりした式で表せました。

先生 この絶対値の中身が，（**）式の法線ベクトル $\vec{n}$ と $\overrightarrow{OR}$ の内積 $\vec{n} \cdot \overrightarrow{OR}$ に等しいことにも注意しましょう。これは後でも利用します。

太郎 絶対値の中身の符号は，法線ベクトル $\vec{n}$ と $\overrightarrow{HR}$ が同じ向きのとき正で，逆向きのとき負となるわけですが，まだ法線ベクトル $\vec{n}$ が平面 α に対してどちら向きなのか聞いてません。

先生 式($**$)によって得られる法線ベクトル $\vec{n}$ の向きは，$\overrightarrow{OP}$ から $\overrightarrow{OQ}$ へ180°以内の角で回すとき，右ネジの進む向きにあります。この証明は一時保留して，先に進めたい。最後の式の中身を展開すると，

$$p_x q_y r_z + p_y q_z r_x + p_z q_x r_y - p_z q_y r_x - p_y q_x r_z - p_x q_z r_y$$

となり，この式を，列ベクトル $\overrightarrow{OP}$，$\overrightarrow{OQ}$，$\overrightarrow{OR}$ を並べて作られる3次行列

$$T = \begin{pmatrix} p_x & q_x & r_x \\ p_y & q_y & r_y \\ p_z & q_z & r_z \end{pmatrix}$$

の**行列式** (determinant) といい，$\det(T)$ または $|T|$ と書きます。

太郎 2次の行列式と比べて，見るからにややこしいですね。

先生 積と符号の仕組みを右図のようにとらえると，覚えやすい。これを**サラスの方法**といいます。たすき掛けの拡張で，正の方向がちょうどお坊さんが左肩から右脇下に懸ける袈裟の方向となっています。

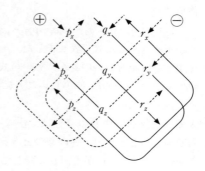

太郎 複雑な式でも，このようにシステム化されれば少し安心です。

先生 平行六面体の体積は，この行列式の絶対値

　　$V_6 = |\det(T)|$

ということになるわけです。

太郎 平行六面体の体積となるように，都合よく行列式を定義したということですか？

先生 表面的にはそうなりますが，なぜ他の図形でなく，平面では平行四辺形が，空間では平行六面体が選ばれたと思いますか？

太郎 平行四辺形は2つのベクトル $\vec{a}, \vec{b}$，平行六面体は3つのベクトル $\vec{a}, \vec{b}, \vec{c}$ をフレームとして表せるから，これらで面積・体積もうまく表せたらという感じですか……。

先生 "面積・体積をそういうベクトルの成分で表したい"ということが動機となり，そのとき次元を跨ぐ共通な構造があることに気付いて，それを行列式として定式化したのです。面積・体積を表したということだけに行列式の存在意義があるわけではありません。今は体積を求めるという方向で進んできましたが……。

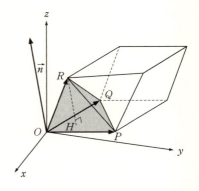

では，計算の練習もしておきましょう。

$P(1, 5, 1)$，$Q(-3, 2, 2)$，$R(0, 1, 4)$ のとき，四面体 $OPQR$ の体積を求めてください。

太郎 四面体 $OPQR$ の体積 V_4 は，平行六面体の体積 V_6 の 6 分の 1 ですから，

$$V_4 = \frac{1}{6}|\det(T)|$$

そこで，行列式を計算すると

$$\det(\overrightarrow{OP}, \overrightarrow{OQ}, \overrightarrow{OR}) = \det\begin{pmatrix} 1 & -3 & 0 \\ 5 & 2 & 1 \\ 1 & 2 & 4 \end{pmatrix}$$

$= 1 \cdot 2 \cdot 4 + (-3) \cdot 1 \cdot 1 + 0 \cdot 5 \cdot 2$
$\quad - 0 \cdot 2 \cdot 1 - 1 \cdot 2 \cdot 1 - 4 \cdot (-3) \cdot 5$
$= 63$

よって，$V_4 = \dfrac{1}{6} \times 63 = \dfrac{21}{2}$ です。

先生 この行列式の値は正ですね。

太郎 $\overrightarrow{HR}$ は法線ベクトル $\vec{n}$ と同じ向きに平行なはずですから，$\vec{n}$ を計算してみると，$\vec{n} = (8, -5, 17)$ であることが分かり，図の上からも確認できます。

先生 $\overrightarrow{OP}$，$\overrightarrow{OQ}$ の載る平面に対し，$\overrightarrow{OR}$ は $\vec{n}$ と同じ側にあることも分かります。これを，$\overrightarrow{OP}$，$\overrightarrow{OQ}$，$\overrightarrow{OR}$ は**右ネジ系**をなすといいます。

ところで，$\overrightarrow{OP}$ と $\overrightarrow{OQ}$ を入れ替えて $\det(\overrightarrow{OQ}, \overrightarrow{OP}, \overrightarrow{OR})$ を計算すると？

太郎 $\overrightarrow{OQ}$，$\overrightarrow{OP}$，$\overrightarrow{OR}$ は左ネジ系に転じるから，行列式は符号を反転させ，

$$\det(\overrightarrow{OQ}, \overrightarrow{OP}, \overrightarrow{OR}) = -\det(\overrightarrow{OP}, \overrightarrow{OQ}, \overrightarrow{OR})$$

これは，計算式からも簡単に確認できます。

右ネジ法線ベクトル

先生 いよいよ法線ベクトル $\vec{n}$ の向きの話です。ここで，もう一度(**)式をよく見てください。

$$\vec{n} = (p_y q_z - p_z q_y,\ p_z q_x - p_x q_z,$$
$$p_x q_y - p_y q_x)$$
$$\cdots\cdots(**)$$

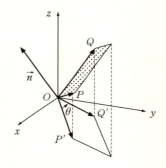

$\vec{n}$ の z 座標 $p_x q_y - p_y q_x$ は $\overrightarrow{OP}$,$\overrightarrow{OQ}$ の張る平行四辺形を xy 平面上に正射影した $\overrightarrow{OP'}$,$\overrightarrow{OQ'}$ の張る平行四辺形の面積です。

もしこの値が正なら,$\overrightarrow{OP'}$ から $\overrightarrow{OQ'}$ への角 θ は正なので,このことと $\vec{n}$ の z 座標が正であることが対応します。

太郎 θ が負なら,$\vec{n}$ の z 座標も負だから,θ の正・負と $\vec{n}$ の z 座標の正・負は一致しますね。

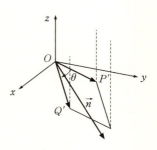

先生 これによって,(**)式で定まる法線ベクトル $\vec{n}$ は,$\overrightarrow{OP}$,$\overrightarrow{OQ}$ の右ネジの向きにあることが分かったかな。

太郎 上の図でも,下の図でも,$\vec{n}$ は確かに右ネジの向きにあります。

先生 余談ですが,(**)式で定まる法線ベクトル $\vec{n}$ の大きさの平方は,
$$|\vec{n}|^2 = (p_y q_z - p_z q_y)^2 + (p_z q_x - p_x q_z)^2 + (p_x q_y - p_y q_x)^2$$
で,これは $\overrightarrow{OP}$,$\overrightarrow{OQ}$ の張る平行四辺形の面積の2乗だが,右辺のそれぞれの平方に目をやると,同じ平行四辺形の yz,zx,xy 各平面への正射影面積の2乗和に等しいことが分

かる。これは，三平方の定理の面積版といえるね。

太郎 なるほど。興味深いです。

先生 じゃあ，右図で$\triangle CAB$の面積の平方は，$\triangle OBC$，$\triangle OCA$，$\triangle OAB$ の平方の和に等しいことも納得できますね。

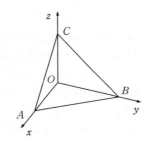

太郎 $\vec{CA}$，$\vec{CB}$ は yz, zx, xy 平面にそれぞれ $\vec{CO}$，$\vec{CB}$; $\vec{CA}$，$\vec{CO}$; $\vec{OA}$，$\vec{OB}$ と正射影されますものね。

先生 法線ベクトルとその向きの話ですが，2つのベクトルの右ネジ法線ベクトルを先に定義して，それらの演算規則から $\vec{n}$ の成分を計算するという手法もあるので，紹介しておきましょう。

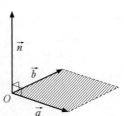

2つのベクトル $\vec{a}, \vec{b}$ に対し，ベクトル $\vec{n}$ を次で定義します。

ⅰ) $\vec{n}$ の大きさは，$\vec{a}$ と $\vec{b}$ の張る平行四辺形の面積。

ⅱ) $\vec{n}$ は $\vec{a}, \vec{b}$ の両方に垂直。

ⅲ) $\vec{n}$ は $\vec{a}, \vec{b}, \vec{n}$ の順で右ネジ系をなす。

太郎 ⅲ) まで定義に含めてしまうのですね。このようなベクトル $\vec{n}$ が具体的に成分で表せたら，当然，(**)式の $\vec{n}$ と一致するはずですが，どう議論を展開させていくのですか。

先生 この定義から，ベクトル $\vec{n}$ は，ただ1通りに定まり (well-defined)，$\vec{a}, \vec{b}$ に対しこのような $\vec{n}$ を対応させる演

算を $\vec{n} = \vec{a} \times \vec{b}$ と書き，$\vec{a}, \vec{b}$ の**外積**といいます。この演算は，交換法則が成立せず，積の順序の交換に関し
$$\vec{a} \times \vec{b} = -\vec{a} \times \vec{b}$$
です。結合法則は，正負の実数 k に対し成り立ち，
$$(k\vec{a}) \times \vec{b} = \vec{a} \times (k\vec{b}) = k\vec{a} \times \vec{b}$$
また，次の分配法則も成り立ちます。
$$\vec{a} \times (\vec{b} + \vec{c}) = \vec{a} \times \vec{b} + \vec{a} \times \vec{c}$$
$$(\vec{b} + \vec{c}) \times \vec{a} = \vec{b} \times \vec{a} + \vec{c} \times \vec{a}$$

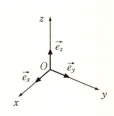

これらが成り立つから，外積の演算は積の順序に注意さえすれば，普通に計算してよいことになります。分配法則の証明は後回しとし，これらと基本ベクトル $\vec{e_x}, \vec{e_y}, \vec{e_z}$ について，

$$\vec{e_x} \times \vec{e_y} = \vec{e_z}, \ \vec{e_y} \times \vec{e_z} = \vec{e_x}, \ \vec{e_z} \times \vec{e_x} = \vec{e_y} \ \cdots\cdots ①$$
$$\vec{e_x} \times \vec{e_x} = \vec{0}, \ \vec{e_y} \times \vec{e_y} = \vec{0}, \ \vec{e_z} \times \vec{e_z} = \vec{0} \ \cdots\cdots ②$$

が成り立つこと（これらは定義から簡単に確認できます）を用いて，

$$\overrightarrow{OP} = p_x\vec{e_x} + p_y\vec{e_y} + p_z\vec{e_z}, \ \overrightarrow{OQ} = q_x\vec{e_x} + q_y\vec{e_y} + q_z\vec{e_z}$$

について外積 $\overrightarrow{OP} \times \overrightarrow{OQ}$ は，

$$\overrightarrow{OP} \times \overrightarrow{OQ}$$
$$= (p_x\vec{e_x} + p_y\vec{e_y} + p_z\vec{e_z}) \times (q_x\vec{e_x} + q_y\vec{e_y} + q_z\vec{e_z})$$
$$= (順序に注意して展開し，①，②を使って計算して)$$
$$= (p_yq_z - p_zq_y)\vec{e_x} + (p_zq_x - p_xq_z)\vec{e_y} + (p_xq_y - p_yq_x)\vec{e_z}$$

となります。これを成分で表せば

$$\overrightarrow{OP} \times \overrightarrow{OQ}$$
$$= (p_yq_z - p_zq_y, \ p_zq_x - p_xq_z, \ p_xq_y - p_yq_x)$$

ですから，（＊＊）式の $\vec{n}$ に一致します。

よって，$\vec{n} = \overrightarrow{OP} \times \overrightarrow{OQ}$
そして，この $\vec{n}$ と $\overrightarrow{OR}$ の内積
が，我々が求めようとしていた
$\overrightarrow{OP}$，$\overrightarrow{OQ}$，$\overrightarrow{OR}$ をフレームとす
る平行六面体の符号付き体積

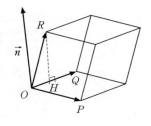

$$V_6 = \det(\overrightarrow{OP}, \overrightarrow{OQ}, \overrightarrow{OR}) = (\overrightarrow{OP} \times \overrightarrow{OQ}) \cdot \overrightarrow{OR}$$

というわけです。いかがかな？

太郎 なるほど。しかし，これだけを証明するために外積なるものを定義したとすると，ちょっと大げさじゃありませんか。まだ，分配法則の成り立つことの証明も残っているし……。

先生 外積は，力学でモーメントを扱うとき重要な道具になっていて，電磁気学など応用範囲も広いのです。

なぜかというと，複素数 $a+bi$ が平面上で図形の回転・伸縮をうまく表現できることから，空間でそれを表すためにハミルトン（1805〜1865）は四元数 $a+bi+cj+dk$ というものを考えて成功し，物理学への応用を提唱しました。テイト（1831〜1901）は四元数の体系の中から内積と外積の2つの概念を取り出し，ギブス（1839〜1903）はそれを発展させて「ベクトル解析」を考案して物理学への応用にはこの2つのベクトル積でよいことを示し，それが四元数より扱いやすかったため，20世紀の幕開けと共に物理学者の間にベクトル（特に内積と外積）の利用が本格化したのです。

ということで，分配法則の証明に取りかかろうか。

まず，$\vec{a}$ と $\vec{b}$ の外積ベクトル $\vec{a} \times \vec{b}$ を図示してみよう。$\vec{a}$ の始点 O を通りベクトル $\vec{a}$ に垂直な平面を考え，それを α とする。$\vec{b}$ の平面 α 上への正射影を $\vec{b}'$ とすると，$\vec{a}$，$\vec{b}$ の張

る平行四辺形の面積と, $\vec{a}$ と $\vec{b}'$ の作る長方形の面積は等しいので, $\vec{b}'$ の $|\vec{a}|$ 倍のベクトル $|\vec{a}|\vec{b}'$ (この大きさは $\vec{a}\times\vec{b}$ の大きさに等しい) を作り, これを始点 O の周りに α 上で $+90°$ 回転すると, これが $\vec{a}\times\vec{b}'$ すなわち $\vec{a}\times\vec{b}$ です。この方法だと, $\vec{a}$ との外積ベクトルが $\vec{a}$ に垂直な平面上の操作で作図できて, 分かりやすいです。

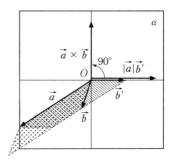

次に, 分配法則 $\vec{a}\times(\vec{b}+\vec{c})=\vec{a}\times\vec{b}+\vec{a}\times\vec{c}$ が成り立つことを示します。$\vec{b},\vec{c}$ の平面 α への正射影を $\vec{b}',\vec{c}'$ とすると, $\vec{b}+\vec{c}$ の正射影について

$$(\vec{b}+\vec{c})'=\vec{b}'+\vec{c}'$$

が成り立ちます (右中図)。

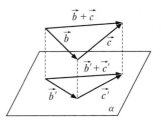

そこで, 右下図で平面 α 上に $\vec{b},\vec{c},\vec{b}+\vec{c}$ の正射影ベクトル $\vec{b}',\vec{c}',\vec{b}'+\vec{c}'$ とそれらの $|\vec{a}|$ 倍を作り, それらを $+90°$ 回転すると, $\vec{a}\times\vec{b}',\vec{a}\times\vec{c}',\vec{a}\times(\vec{b}'+\vec{c}')$ すなわち $\vec{a}\times\vec{b},\vec{a}$

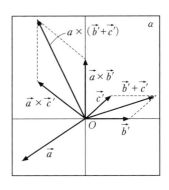

$\times \vec{c}$, $\vec{a} \times (\vec{b} + \vec{c})$ が得られるが, $\vec{a} \times (\vec{b} + \vec{c})$ は平行四辺形の対角線になっているので, 分配法則 $\vec{a} \times (\vec{b} + \vec{c}) = \vec{a} \times \vec{b} + \vec{a} \times \vec{c}$ が成り立つわけです。

太郎 なるほど。

分配法則の後半部分 $(\vec{b} + \vec{c}) \times \vec{a} = \vec{b} \times \vec{a} + \vec{c} \times \vec{a}$ の証明は,

$$(\vec{b} + \vec{c}) \times \vec{a} = -\vec{a} \times (\vec{b} + \vec{c})$$
$$= -\vec{a} \times \vec{b} - \vec{a} \times \vec{c}$$
$$= \vec{b} \times \vec{a} + \vec{c} \times \vec{a}$$

のようにシステマティクにできますね。

行列式とその性質

先生 正方行列 A の行列式を $|A|$ と書くことにする。

$\begin{pmatrix} a & b \\ c & d \end{pmatrix}$, $\begin{pmatrix} a & b & c \\ d & e & f \\ g & h & i \end{pmatrix}$ の行列式は, $\begin{vmatrix} a & b \\ c & d \end{vmatrix}$, $\begin{vmatrix} a & b & c \\ d & e & f \\ g & h & i \end{vmatrix}$

のようにです。

行と列を入れ替えた行列 A' の行列式については, 3次の行列式でも $|A'| = |A|$ が成り立ちますし, 2次元で話した行列式の性質は, 3次元でもすべて成り立ちます。

たとえば, ある列を k 倍すると, 行列式の値は k 倍になる。

$|\vec{p}, k\vec{q}, \vec{r}| = k|\vec{p}, \vec{q}, \vec{r}|$

また, ある列に他の列の t 倍を加えても, 行列式の値は変わりません。

$|\vec{p} + t\vec{r}, \vec{q}, \vec{r}| = |\vec{p}, \vec{q}, \vec{r}|$

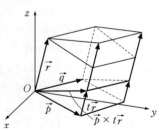

第11章 平行六面体の体積と行列式

　これは，前ページの図の2つの平行六面体の体積が等しいことからも分かります。

　2つの列または行が等しい行列の行列式は0
$$|\vec{p}, \vec{p}, \vec{r}| = 0$$
　これは，$\vec{p}, \vec{r}$ 2つでは立体を形成できない（体積0）からです。

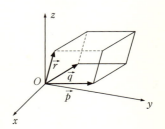

　空間で，3つのベクトル $\vec{p}, \vec{q}, \vec{r}$ が同一平面に平行でないとき，$\vec{p}, \vec{q}, \vec{r}$ は一般の位置にある，または（線型）独立であるといいます。

　では，$\vec{p}, \vec{q}, \vec{r}$ が一般の位置にあるための条件は？

太郎　$\vec{p}, \vec{q}, \vec{r}$ の始点を原点に揃えたとき，これらが立体を形成し，体積があるということですから，
$$|\vec{p}, \vec{q}, \vec{r}| \neq 0$$

先生　なお，立体を形成できないとき従属といいますから，
　　$\vec{p}, \vec{q}, \vec{r}$ が従属 $\Leftrightarrow |\vec{p}, \vec{q}, \vec{r}| = 0$
も同じ理由から明らかですね。

　ここで，連立方程式の解の話をしておきましょう。

　3元連立1次方程式
$$\begin{cases} a_1 x + b_1 y + c_1 z = d_1 \\ a_2 x + b_2 y + c_2 z = d_2 \quad \cdots\cdots\cdots ① \\ a_3 x + b_3 y + c_3 z = d_3 \end{cases}$$
は，

$\begin{vmatrix} a_1 & b_1 & c_1 \\ a_2 & b_2 & c_2 \\ a_3 & b_3 & c_3 \end{vmatrix} \neq 0$ ならばただ1組の解をもち，それは

$$x = \frac{\begin{vmatrix} d_1 & b_1 & c_1 \\ d_2 & b_2 & c_2 \\ d_3 & b_3 & c_3 \end{vmatrix}}{\begin{vmatrix} a_1 & b_1 & c_1 \\ a_2 & b_2 & c_2 \\ a_3 & b_3 & c_3 \end{vmatrix}}, \quad y = \frac{\begin{vmatrix} a_1 & d_1 & c_1 \\ a_2 & d_2 & c_2 \\ a_3 & d_3 & c_3 \end{vmatrix}}{\begin{vmatrix} a_1 & b_1 & c_1 \\ a_2 & b_2 & c_2 \\ a_3 & b_3 & c_3 \end{vmatrix}}, \quad z = \frac{\begin{vmatrix} a_1 & b_1 & d_1 \\ a_2 & b_2 & d_2 \\ a_3 & b_3 & d_3 \end{vmatrix}}{\begin{vmatrix} a_1 & b_1 & c_1 \\ a_2 & b_2 & c_2 \\ a_3 & b_3 & c_3 \end{vmatrix}}$$

と書けます。

太郎 これは，クラメルの公式でしたね。

先生 ここでは，加減法で計算してこれを示すことはしませんが，行列式が平行六面体の体積であることからこの公式の幾何学的意味を説明しておきましょう。

連立方程式①は，
$$x \begin{pmatrix} a_1 \\ a_2 \\ a_3 \end{pmatrix} + y \begin{pmatrix} b_1 \\ b_2 \\ b_3 \end{pmatrix} + z \begin{pmatrix} c_1 \\ c_2 \\ c_3 \end{pmatrix} = \begin{pmatrix} d_1 \\ d_2 \\ d_3 \end{pmatrix} \quad \cdots\cdots\cdots ②$$
のように書けます。これは，x, y, z が列ベクトル
$$\vec{d} = \begin{pmatrix} d_1 \\ d_2 \\ d_3 \end{pmatrix} \text{を}$$
$$\vec{a} = \begin{pmatrix} a_1 \\ a_2 \\ a_3 \end{pmatrix}, \quad \vec{b} = \begin{pmatrix} b_1 \\ b_2 \\ b_3 \end{pmatrix}, \quad \vec{c} = \begin{pmatrix} c_1 \\ c_2 \\ c_3 \end{pmatrix}$$
の3つのベクトルの1次結合で表そうとするときのそれぞれの係数であることを意味します。

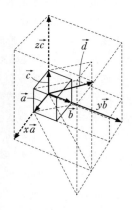

$\vec{d}$ に対し，たとえば，y は右図で，$\vec{a}, \vec{d}, \vec{c}$ の張る平行六面体の体積が $\vec{a}, \vec{b}, \vec{c}$ の張る平行六面体の体積の何倍であるかの倍率を表していると考えられるから，図の等積変形を行列式で表すと

$|\vec{a}, \vec{d}, \vec{c}|$

$$= |\vec{a}, \ x\vec{a} + y\vec{b} + z\vec{c}, \ \vec{c}|$$
$$= |\vec{a}, \ y\vec{b}, \ \vec{c}|$$
$$= y|\vec{a}, \ \vec{b}, \ \vec{c}|$$

だから,y は $y = \dfrac{|\vec{a},\vec{d},\vec{c}|}{|\vec{a},\vec{b},\vec{c}|}$ となります。

同様に, $x = \dfrac{|\vec{d},\vec{b},\vec{c}|}{|\vec{a},\vec{b},\vec{c}|}$, $z = \dfrac{|\vec{a},\vec{b},\vec{d}|}{|\vec{a},\vec{b},\vec{c}|}$

であることが分かります。

太郎 なるほど。

先生 この公式は,これを用いて解を実際に求めるためには必ずしも適していません。形式の美しさが魅力といえます。

さて,なぜ x, y, z の係数を並べた行列の行列式が 0 でなければ,連立方程式はただ 1 組の解をもつのか,最後にこの質問に答えてください。

太郎 1つ1つの1次方程式は空間内の平面を表していて,その係数ベクトル

$$\vec{n}_1 = (a_1, \ b_1, \ c_1), \ \vec{n}_2 = (a_2, \ b_2, \ c_2), \ \vec{n}_3 = (a_3, \ b_3, \ c_3)$$

は,それぞれの平面の法線ベクトルです。行列式が 0 でないということは,法線ベクトルの向きが異なりしかも立体を形成するということですが,解がただ 1 つということは,このとき 3 つの平面が 1 点で交わるということです。連立方程式の解は平面たちの共有点を表すわけですから,2 つの平面の交わりは直線で,これに第 3 の平面が交わるとただ 1 点を共有するということです。

先生 2次元で話さなかった行列式の性質を 1 つ追加しておきましょう。

$$\begin{vmatrix} p_x & q_x & \boxed{r_x} \\ p_y & q_y & \boxed{r_y} \\ p_z & q_z & \boxed{r_z} \end{vmatrix} = \begin{vmatrix} p_y & q_y \\ p_z & q_z \end{vmatrix}\boxed{r_x} - \begin{vmatrix} p_x & q_x \\ p_z & q_z \end{vmatrix}\boxed{r_y} + \begin{vmatrix} p_x & q_x \\ p_y & q_y \end{vmatrix}\boxed{r_z}$$

これを，行列式の第3列による展開といいます．この事実を歴史的に初めて述べたのはラプラス (1749〜1827) だといわれていますが，法線ベクトル $\vec{n}$ と $\overrightarrow{OR}$ の内積

$$\vec{n} \cdot \overrightarrow{OR}$$
$$= (p_y q_z - p_z q_y)r_x + (p_z q_x - p_x q_z)r_y + (p_x q_y - p_y q_x)r_z$$

をバラしたものが3次の行列式だということを，この状態で改めて書き直したものと考えればよい．
展開は，どの列についても，また行についても可能です．

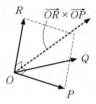

太郎 第2項の－は，行列の成分の順序を変えないためですね．第2列についての展開だと，

$$(\overrightarrow{OR} \times \overrightarrow{OP}) \cdot \overrightarrow{OQ}$$
$$= (r_y p_z - r_z p_y)q_x + (r_z p_x - r_x p_z)q_y + (r_x p_y - r_y p_x)q_z$$

ですから，行列の成分位置を保存するように符号を調節すると，

$$\begin{vmatrix} p_x & \boxed{q_x} & r_x \\ p_y & \boxed{q_y} & r_y \\ p_z & \boxed{q_z} & r_z \end{vmatrix} = -\begin{vmatrix} p_y & r_y \\ p_z & r_z \end{vmatrix}\boxed{q_x} + \begin{vmatrix} p_x & r_x \\ p_z & r_z \end{vmatrix}\boxed{q_y} - \begin{vmatrix} p_x & r_x \\ p_y & r_y \end{vmatrix}\boxed{q_z}$$

ですか？ 符号の規則がよくわかりません．

先生 ＋－の符号は，どの列（行）で展開するかについて次ページの図のごとく市松模様状に配置されています．

行列式の図形への応用

先生 さて次は，平面・空間に配置された点たちの様子を行列式で書くことにより，この記号表現の有用性を実感してもらいましょう。

まず，平面上で3点 $P(p_x, p_y)$, $Q(q_x, q_y)$, $R(r_x, r_y)$ が一直線上にある条件は，次のように書けます。

$$\begin{vmatrix} p_x - r_x & q_x - r_x \\ p_y - r_y & q_y - r_y \end{vmatrix} = 0 \text{ または}$$

$$\begin{vmatrix} p_x & q_x & r_x \\ p_y & q_y & r_y \\ 1 & 1 & 1 \end{vmatrix} = 0$$

太郎 前の式は，

$$\overrightarrow{RP} = \begin{pmatrix} p_x - r_x \\ p_y - r_y \end{pmatrix}, \ \overrightarrow{RQ} = \begin{pmatrix} q_x - r_x \\ q_y - r_y \end{pmatrix}$$

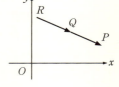

の張る平行四辺形がつぶれて，面積 $=0$ なのが分かるけど，後の式は謎です。

先生 P, Q, R の載る平面を z 軸方向に1だけ平行移動して，空間の点にする。3点 P, Q, R の z 座標はどれも1ですね。そこで $\overrightarrow{OP}$, $\overrightarrow{OQ}$, $\overrightarrow{OR}$ の作る平行六面体を考えると，体積は0となります。

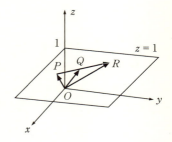

太郎 魔法の絨毯(じゅうたん)に載せて呪文を唱えたのね……。

先生 同じく平面上で，

△PQR の面積は

$$\triangle PQR = \frac{1}{2}\begin{vmatrix} p_x - r_x & q_x - r_x \\ p_y - r_y & q_y - r_y \end{vmatrix} \text{ または } \frac{1}{2}\begin{vmatrix} p_x & q_x & r_x \\ p_y & q_y & r_y \\ 1 & 1 & 1 \end{vmatrix}$$

と表されます。

太郎 後者は，やはり平面を1だけ浮かせたんですね。今度は1が大きな意味をもっていて，四面体 $OPQR$ の体積は，$\overrightarrow{OP}$, $\overrightarrow{OQ}$, $\overrightarrow{OR}$ の作る平行六面体の体積すなわち行列式の6分の1で，その3倍が右図の三角柱の体積になるわけで，三角柱の高さは1だから底面積がそのまま同じ式で求まります。

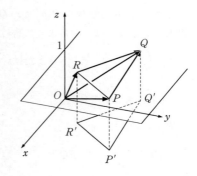

先生 $\overrightarrow{OP}$, $\overrightarrow{OQ}$, $\overrightarrow{OR}$ が右ネジ系ならば行列式は正，つまり $P \to Q \to R \to P$ が左回りなら，△PQR の面積は正となります。

太郎 あの〜，式の上で

$$\begin{vmatrix} p_x & q_x & r_x \\ p_y & q_y & r_y \\ 1 & 1 & 1 \end{vmatrix} = \begin{vmatrix} p_x - r_x & q_x - r_x \\ p_y - r_y & q_y - r_y \end{vmatrix}$$

を示してほしいのですが。

先生 まず，第1列および第2列から第3列を引きます。

$$\begin{vmatrix} p_x & q_x & r_x \\ p_y & q_y & r_y \\ 1 & 1 & 1 \end{vmatrix} = \begin{vmatrix} p_x - r_x & q_x - r_x & r_x \\ p_y - r_y & q_y - r_y & r_y \\ 0 & 0 & 1 \end{vmatrix}$$

次に,第3列について展開すると,r_xとr_yの係数行列式は0になり,1の係数行列式のみ残るわけです。

太郎 0になる成分があると,展開で行列式は簡単化されますね。第3行についての展開と見ても同じですね。

先生 次は,空間で3点$P(p_x, p_y, p_z)$,$Q(q_x, q_y, q_z)$,$R(r_x, r_y, r_z)$の定める平面α上に,点$X(x, y, z)$があるための条件を求めてください。

太郎 $\overrightarrow{RX}$,$\overrightarrow{RP}$,$\overrightarrow{RQ}$を隣辺とする平行六面体がつぶれて,体積$=0$から,

$$\begin{vmatrix} x-r_x & p_x-r_x & q_x-r_x \\ y-r_y & p_y-r_y & q_y-r_y \\ z-r_z & p_z-r_z & q_z-r_z \end{vmatrix} = 0$$

です。

先生 では,3点$P(3, 1, -2)$,$Q(1, 0, -1)$,$R(-1, 2, 1)$の定める平面の方程式を求めてください。

太郎
$$\begin{vmatrix} x+1 & 4 & 2 \\ y-2 & -1 & -2 \\ z-1 & -3 & -2 \end{vmatrix} = 0$$

第1行を第2行および第3行に加えて,第3列で展開すると

$$\begin{vmatrix} x+1 & 4 & 2 \\ x+y-1 & 3 & 0 \\ x+z & 1 & 0 \end{vmatrix} = 0$$

$$\therefore 2\begin{vmatrix} x+y-1 & 3 \\ x+z & 1 \end{vmatrix} = 0$$

よって,求める平面の方程式は,$2x-y+3z+1=0$

先生 点Xが平面α上にある条件,他の表現は?

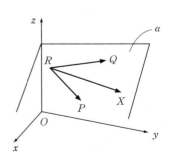

太郎 $\begin{vmatrix} x & p_x & q_x & r_x \\ y & p_y & q_y & r_y \\ z & p_z & q_z & r_z \\ 1 & 1 & 1 & 1 \end{vmatrix} = 0$ かな。

仮に4次元世界があったとし、点たちを1だけその世界に押し出して原点Oとで4次元平行体を作ると、その体積は0。もっとも、4次元の行列式って知りませんけど。

先生 2次元・3次元の結果を含みながら、うまく概念を拡張できたとすると、たとえば

$$\begin{vmatrix} x & p_x & q_x & r_x \\ y & p_y & q_y & r_y \\ z & p_z & q_z & r_z \\ 1 & 1 & 1 & 1 \end{vmatrix} = \begin{vmatrix} x-r_x & p_x-r_x & q_x-r_x & r_x \\ y-r_y & p_y-r_y & q_y-r_y & r_y \\ z-r_z & p_z-r_z & q_z-r_z & r_z \\ 0 & 0 & 0 & 1 \end{vmatrix}$$

$$= \begin{vmatrix} x-r_x & p_x-r_x & q_x-r_x \\ y-r_y & p_y-r_y & q_y-r_y \\ z-r_z & p_z-r_z & q_z-r_z \end{vmatrix}$$

のような計算もできねばなりません。

このような課題をクリアし、行列式の理論を一般的に構成したのは、フランスの数学者コーシー（1789～1857）です。コーシーは年を隔てて何度も行列式を論じ、積の行列式が行列式の積に等しいこと、$\det(AB) = (\det A)(\det B)$まで示しています。行列の概念がきっちりした形で出てくるのはずっと後のケーリー（1821～1895）たちの時代になってからのことで、行列の積がはっきり定義されるのもその時代なのですが……。

太郎 天才は時代のいつも先を行く……。

先生 行列式は初め連立1次方程式の解があるかないかの研究から始まり、ここで述べたように平行四辺形の面積・平行

六面体の体積という意味づけもなされましたが、弦の振動とか天体の運行を連立微分方程式系の固有値を求めることと結びつけて研究したり、2次形式 $ax^2+bxy+cy^2$ を座標変換によって $AX^2+BXY+CY^2$ の形に変形するときに不変な式を追究する中で発展しました。現代では行列式は、線形変換とそれを表現する行列の理論の中に包摂され、大学での「線形代数学」の講義の中で学ばれています。「線形代数学」の参考書はおびただしい数が出ていて、行列式もそこで様々な方法で定義され解説されています。

［これより先に進む人のために、参考図書など］

　小行列式への展開を下敷きに行列式を論じているものは多くありませんが、次の書を挙げておきます。

『新しい線形代数』中田義元・矢部博 著　東京教学社　1989年
『リメディアル 線形代数』桑村雅隆 著　裳華房　2007年

　また、クラメルの公式を平行六面体の体積から説明するとき使った

$$\det(\vec{a}, k\vec{b}, \vec{c}) = k\det(\vec{a}, \vec{b}, \vec{c})$$
$$\det(\vec{a}, \vec{c}, \vec{b}) = -\det(\vec{a}, \vec{b}, \vec{c})$$
$$\det(\vec{a}+\vec{a'}, \vec{b}, \vec{c}) = \det(\vec{a}, \vec{b}, \vec{c}) + \det(\vec{a'}, \vec{b}, \vec{c})$$

などの多重線形性に基づいて行列式を定義するものもあるが、展開した最後の式

$$p_x q_y r_z + p_y q_z r_x + p_z q_x r_y - p_z q_y r_x - p_y q_x r_z - p_x q_z r_y$$

の+−の符号と x, y, z の順列との関係に着目して定義するものが多い。読者は、そこからどう行列式の話を展開していくのか、それを楽しみながら読み進めるとよい。

　初学者が読みやすいものとして次のものがある。

『線型代数入門 大学理工系の代数・幾何』中岡稔・服部晶夫 著 紀伊國屋書店 1986年

　また，昔から定評のあるもので，がっちり書かれているものは次の2著。

『線型代数入門』齋藤正彦 著　東京大学出版会　1966年

『線型代数学』増補改題版　佐武一郎 著　裳華房　1974年

演習問題 解答

第1章 ベクトル・初めの一歩 (P26)

1. $m>n$ のとき,線分 AB を $m:n$ に内分する点を P,同じ比に外分する点を Q とすると,B は PQ を $m-n:m+n$ に内分し,A は PQ を同じ比に外分することを示せ。

[解答]
$A(\vec{a})$, $B(\vec{b})$, $P(\vec{p})$, $Q(\vec{q})$ とすると,

$$\vec{p} = \frac{n\vec{a}+m\vec{b}}{m+n}, \quad \vec{q} = \frac{-n\vec{a}+m\vec{b}}{m-n} \quad \text{より}$$

$$n\vec{a}+m\vec{b} = (m+n)\vec{p} \quad \cdots\cdots\cdots ①$$
$$-n\vec{a}+m\vec{b} = (m-n)\vec{q} \quad \cdots\cdots\cdots ②$$

①+② より $\quad 2m\vec{b} = (m+n)\vec{p}+(m-n)\vec{q}$

$$\therefore \vec{b} = \frac{(m+n)\vec{p}+(m-n)\vec{q}}{(m-n)+(m+n)}$$

よって,B は PQ を $m-n:m+n$ に内分する。

①-② より $\quad 2n\vec{a} = (m+n)\vec{p}-(m-n)\vec{q}$

$$\therefore \vec{a} = \frac{(m+n)\vec{p}-(m-n)\vec{q}}{-(m-n)+(m+n)}$$

よって,A は PQ を $m-n:m+n$ に外分する。

なお,$m<n$ ならば,A は PQ を $n-m:m+n$ に内分し,B は PQ を $n-m:m+n$ に外分する。

[注] P, Q が線分 AB を調和に分ければ, A, B

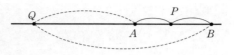

も PQ を調和に分けることだけなら, $AP:PB=AQ:BQ$ であることから, この内項を取り替えた

　　$PA:AQ=PB:QB$

が成り立つことを確かめることにより, 直ちに納得できる。

---

2. 点 O を中心とする 1 辺 2 の正五角形 $ABCDE$ を考え, $\overrightarrow{OA}=\vec{a}, \overrightarrow{OC}=\vec{c}$ とおく。このとき, 次の問いに答えよ。

(1) 対角線 AC と BE の交点を F とするとき, ベクトル $\overrightarrow{OF}$ を $\vec{a}, \vec{c}$ を用いて表せ。

(2) ベクトル $\overrightarrow{OB}, \overrightarrow{OE}$ を $\vec{a}, \vec{c}$ を用いて表せ。

[**解答**]

対角線の長さを α, 外接円の半径を r とする。

(1) $\triangle EBC \sim \triangle CBF$ より

$EB:BC=BC:BF$

$\triangle CBF \equiv \triangle EAF$ より

$BC=EF=2$ だから

　　$\alpha:2=2:BF$

　　$\therefore \alpha:2=2:(\alpha-2)$

よって, $\alpha^2-2\alpha-4=0$

より　$\alpha=1+\sqrt{5}$

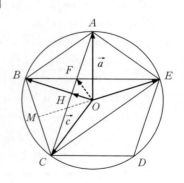

ここで，$\overrightarrow{CF} = \dfrac{2}{\alpha}\overrightarrow{CA}$ だから $\overrightarrow{OF} - \vec{c} = \dfrac{2}{\alpha}(\vec{a} - \vec{c})$

$$\therefore \overrightarrow{OF} = \dfrac{\sqrt{5}-1}{2}\vec{a} + \dfrac{3-\sqrt{5}}{2}\vec{c}$$

[注] α は，$\triangle ABC \sim \triangle AFB$ から求めてもよい。

(2) OB と CA の交点を H とすると，$\triangle OAH$ は直角三角形で，$\angle AOH = 72°$ だから $OH = r\cos 72°$

一方，直角三角形 $\triangle EBM$ で $\cos 72° = \dfrac{BM}{EB} = \dfrac{1}{\alpha}$ だから

$$OH = \dfrac{1}{\alpha}r$$

よって，$\overrightarrow{OH} = \dfrac{1}{\alpha}\overrightarrow{OB} = \dfrac{1}{\alpha}\vec{b}$ $\therefore \vec{b} = \alpha\overrightarrow{OH}$

ここで，$\overrightarrow{OH} = \dfrac{\vec{c}+\vec{a}}{2}$ だから

$$\vec{b} = \dfrac{\alpha}{2}(\vec{c}+\vec{a}) = \dfrac{1+\sqrt{5}}{2}(\vec{c}+\vec{a})$$

また，$\vec{a} = \dfrac{\alpha}{2}(\vec{b} + \overrightarrow{OE})$ であるから，

$$\overrightarrow{OE} = \dfrac{2}{\alpha}\vec{a} - \vec{b} = \dfrac{\sqrt{5}-1}{2}\vec{a} - \vec{b}$$

よって，$\overrightarrow{OE} = \dfrac{2}{\alpha}\vec{a} - \dfrac{\alpha}{2}(\vec{c}+\vec{a}) = -\vec{a} - \dfrac{1+\sqrt{5}}{2}\vec{c}$

第2章　一直線上の3点（P40〜42）

1．$\triangle ABC$ の辺 AB を $1:2$ に内分する点を D，AC の中点を E とし，DE の中点を M とする。また，点 P が $\overrightarrow{AP} = (1-t)\overrightarrow{AB} + t\overrightarrow{AC}$ を満たすとする。
A, M, P が一直線上にあるとき，t の値を求めよ。

[解答]
$$\vec{AM} = \frac{1}{2}(\vec{AD} + \vec{AE}) = \frac{1}{2}\left(\frac{1}{3}\vec{AB} + \frac{1}{2}\vec{AC}\right)$$
$$= \frac{1}{6}\vec{AB} + \frac{1}{4}\vec{AC}$$

A, M, P は一直線上にあるから
$$\vec{AP} = k\vec{AM} \quad (k \text{ は実数})$$
と書けるから,
$$\vec{AP} = \frac{k}{6}\vec{AB} + \frac{k}{4}\vec{AC}$$

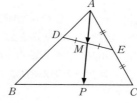

また, $\vec{AP} = (1-t)\vec{AB} + t\vec{AC}$
$\vec{AB}$ と $\vec{AC}$ は平行でないから, 両者の係数を比べて,
$$\frac{k}{6} = 1-t, \quad \frac{k}{4} = t$$
これを解いて, $t = \frac{3}{5}$

[注] 上の解では P が辺 BC 上にあることは使っていない。問題文から, P は辺 BC 上にあり, BC を $t:1-t$ に内分する点であることが分かる。このことから, $\vec{AP} = \frac{k}{6}\vec{AB} + \frac{k}{4}\vec{AC}$ の"係数の和 = 1"として $\frac{k}{6} + \frac{k}{4} = 1$ ∴ $k = \frac{12}{5}$

よって, $\vec{AP} = \frac{2}{5}\vec{AB} + \frac{3}{5}\vec{AC}$ から $t = \frac{3}{5}$ としてもよい。

また, P が辺 BC 上にあることは, $\vec{AM} = \frac{1}{6}\vec{AB} + \frac{1}{4}\vec{AC}$ を $\vec{AM} = \frac{5}{12} \cdot \boxed{\dfrac{2\vec{AB} + 3\vec{AC}}{5}}$ のように書き換えると, □内の式が点 P の位置ベクトルであり, $\vec{AP} = \frac{2}{5}\vec{AB} + \frac{3}{5}\vec{AC}$ であることが分かる。

2. $\triangle OAB$ において,辺 OA を $2:1$ に内分する点を L, 辺 OB を $2:3$ に内分する点を M, 辺 AB の中点を N とする。線分 LM と線分 ON との交点を P とするとき, $\overrightarrow{OP}$ を $\overrightarrow{OA} = \vec{a}$ と $\overrightarrow{OB} = \vec{b}$ を用いて表せ。

[解答]
$\overrightarrow{ON} = \dfrac{1}{2}(\vec{a} + \vec{b})$ で,$\overrightarrow{OP} = k\overrightarrow{ON}$ より $\overrightarrow{OP} = \dfrac{k}{2}\vec{a} + \dfrac{k}{2}\vec{b}$
また,$LP:PM = s:1-s$ とおくと,P は LM を $s:1-s$ に内分する点だから,

$$\overrightarrow{OP} = (1-s)\overrightarrow{OL} + s\overrightarrow{OM}$$
$$= (1-s)\cdot\dfrac{2}{3}\vec{a} + s\cdot\dfrac{2}{5}\vec{b}$$

よって,$\dfrac{k}{2}\vec{a} + \dfrac{k}{2}\vec{b} = \dfrac{2}{3}(1-s)\vec{a} + \dfrac{2}{5}s\vec{b}$

$\vec{a},\vec{b}$ は $\vec{0}$ でなく,平行でもないから
$$\dfrac{k}{2} = \dfrac{2}{3}(1-s),\quad \dfrac{k}{2} = \dfrac{2}{5}s$$

これを解いて $k = \dfrac{1}{2}$ よって $\overrightarrow{OP} = \dfrac{1}{4}\vec{a} + \dfrac{1}{4}\vec{b}$

[注] L, P, M が一直線上にあることから,$\overrightarrow{OP} = \dfrac{k}{2}\vec{a} + \dfrac{k}{2}\vec{b}$ を $\overrightarrow{OP} = \dfrac{k}{2}\cdot\dfrac{3}{2}\overrightarrow{OL} + \dfrac{k}{2}\cdot\dfrac{5}{2}\overrightarrow{OM} = \dfrac{3}{4}k\overrightarrow{OL} + \dfrac{5}{4}k\overrightarrow{OM}$ と書き換え,"係数の和 $= 1$" より $\dfrac{3}{4}k + \dfrac{5}{4}k = 1$ $\therefore k = \dfrac{1}{2}$ として,$\overrightarrow{OP} = \dfrac{1}{4}\vec{a} + \dfrac{1}{4}\vec{b}$ を導いてもよい。

3. △OABの内部に点Pがあり,直線APと辺OBの交点Qは,辺OBを3:2に内分し,直線BPと辺OAの交点Rは,辺OAを4:3に内分する。

このとき,$\overrightarrow{OP}$ を $\overrightarrow{OA}$ と $\overrightarrow{OB}$ で表せ。

また,直線OPと辺ABの交点をSとするとき,$OP:PS$ を求めよ。

[解答]

$AP:PQ=s:1-s$ とおくと,

$\overrightarrow{OP} = (1-s)\overrightarrow{OA} + s\overrightarrow{OQ}$

$\quad = (1-s)\overrightarrow{OA} + \dfrac{3}{5}s\overrightarrow{OB}$

また,$BP:PR=t:1-t$ とおくと,

$\overrightarrow{OP} = (1-t)\overrightarrow{OB} + t\overrightarrow{OR}$

$\quad = (1-t)\overrightarrow{OB} + \dfrac{4}{7}t\overrightarrow{OA}$

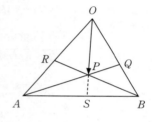

よって,$(1-s)\overrightarrow{OA} + \dfrac{3s}{5}\overrightarrow{OB} = \dfrac{4t}{7}\overrightarrow{OA} + (1-t)\overrightarrow{OB}$

ここで,$\overrightarrow{OA}$,$\overrightarrow{OB}$ は平行でないから

$1-s = \dfrac{4t}{7},\ \dfrac{3s}{5} = 1-t$

これを解いて,$s = \dfrac{15}{23}$ ∴ $\overrightarrow{OP} = \dfrac{8}{23}\overrightarrow{OA} + \dfrac{9}{23}\overrightarrow{OB}$

また,$\overrightarrow{OS} = k\overrightarrow{OP}$ (kは実数)とおけるから,

$\overrightarrow{OS} = \dfrac{8}{23}k\overrightarrow{OA} + \dfrac{9}{23}k\overrightarrow{OB}$

だが,A, S, B は一直線上にあるから

$\dfrac{8}{23}k + \dfrac{9}{23}k = 1$ より,$k = \dfrac{23}{17}$

よって，$OP:PS = 17:6$ である。

[注] $\overrightarrow{OP}$ を求めるのに初等幾何のメネラウスの定理を利用してもよい。

△ORB を直線 QPA が切っていると見てメネラウスの定理を使うと，
$\dfrac{BQ}{QO} \times \dfrac{OA}{AR} \times \dfrac{RP}{PB} = 1$ より $\dfrac{2}{3} \times \dfrac{7}{3} \times \dfrac{RP}{PB} = 1$ $\quad \therefore \dfrac{RP}{PB} = \dfrac{9}{14}$
よって，

$$\overrightarrow{OP} = \frac{14\overrightarrow{OR} + 9\overrightarrow{OB}}{9+14}$$

$$= \frac{14 \cdot \frac{4}{7}\overrightarrow{OA} + 9\overrightarrow{OB}}{23}$$

$$= \frac{8\overrightarrow{OA} + 9\overrightarrow{OB}}{23}$$

4． △OAB に対し，P, Q を $\overrightarrow{OP} = s\overrightarrow{OA}$，$\overrightarrow{OQ} = t\overrightarrow{OB}$ を満たす点とし，線分 BP と AQ の交点を R とする。$\overrightarrow{OR} = \dfrac{1}{2}\overrightarrow{OA} + \dfrac{1}{4}\overrightarrow{OB}$ であるとき，s, t を求めよ。

[解答]
$\overrightarrow{OA} = \dfrac{1}{s}\overrightarrow{OP}$ より，
$\quad \overrightarrow{OR} = \dfrac{1}{2s}\overrightarrow{OP} + \dfrac{1}{4}\overrightarrow{OB}$

B, R, P は一直線上にあるから $\dfrac{1}{2s} + \dfrac{1}{4} = 1$

これより $s = \dfrac{2}{3}$

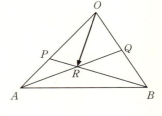

同様に $\overrightarrow{OB} = \frac{1}{t}\overrightarrow{OQ}$ より,

$$\overrightarrow{OR} = \frac{1}{2}\overrightarrow{OA} + \frac{1}{4t}\overrightarrow{OQ}$$

A, R, Q は一直線上にあるから $\frac{1}{2} + \frac{1}{4t} = 1$, これより $t = \frac{1}{2}$

別解) $BR:RP = k:1-k$ とおくと,

$$\overrightarrow{OR} = (1-k)\overrightarrow{OB} + k\overrightarrow{OP} = (1-k)\overrightarrow{OB} + ks\overrightarrow{OA}$$

$\overrightarrow{OA}$, $\overrightarrow{OB}$ は独立だから, これと $\overrightarrow{OR} = \frac{1}{2}\overrightarrow{OA} + \frac{1}{4}\overrightarrow{OB}$ の係数を比べて $1-k = \frac{1}{4}$, $ks = \frac{1}{2}$.

第1式より $k = \frac{3}{4}$ ∴ $s = \frac{2}{3}$

t についても $AR:RQ = l:1-l$ とおいて, 同じようにやればよい。

---

5. 正五角形 $ABCDE$ において, $\overrightarrow{AB} = \vec{a}$, $\overrightarrow{AE} = \vec{b}$ とおく。このとき, 辺と対角線の長さの比を k とすると $\overrightarrow{EC} = k\overrightarrow{AB}$, $\overrightarrow{BD} = k\overrightarrow{AE}$, $\overrightarrow{EB} = k\overrightarrow{DC}$ であることを用いて, $\overrightarrow{BC}$ および $\overrightarrow{DC}$, $\overrightarrow{ED}$ を $\vec{a}$, $\vec{b}$ を用いて表せ。

[解答]

$$\begin{aligned}\overrightarrow{BC} &= \overrightarrow{BE} + \overrightarrow{EC} \\ &= (\overrightarrow{AE} - \overrightarrow{AB}) + k\overrightarrow{AB} \\ &= \vec{b} - \vec{a} + k\vec{a} = (k-1)\vec{a} + \vec{b} \quad \cdots\cdots\cdots ①\end{aligned}$$

一方,

$$\begin{aligned}\overrightarrow{BC} &= \overrightarrow{BD} + \overrightarrow{DC} \\ &= k\overrightarrow{AE} + \frac{1}{k}\overrightarrow{EB} \\ &= k\vec{b} + \frac{1}{k}(\overrightarrow{AB} - \overrightarrow{AE})\end{aligned}$$

$$= \frac{1}{k}\vec{a} + \left(k - \frac{1}{k}\right)\vec{b} \quad \cdots\cdots\cdots ②$$

$\vec{a}, \vec{b}$ は独立だから①, ②
より $k - 1 = \frac{1}{k}$, $1 = k - \frac{1}{k}$
よって, $k^2 - k - 1 = 0$
$k > 0$ より $k = \frac{1 + \sqrt{5}}{2}$

したがって,

$$\overrightarrow{BC} = \frac{\sqrt{5} - 1}{2}\vec{a} + \vec{b}$$

また, $\overrightarrow{DC} = \frac{1}{k}\overrightarrow{EB}$

$$= \frac{2}{1 + \sqrt{5}}(\vec{a} - \vec{b}) = \frac{\sqrt{5} - 1}{2}(\vec{a} - \vec{b})$$

$$\overrightarrow{ED} = \overrightarrow{EC} + \overrightarrow{CD} = \frac{1 + \sqrt{5}}{2}\vec{a} + \frac{\sqrt{5} - 1}{2}(\vec{b} - \vec{a})$$

$$= \vec{a} + \frac{\sqrt{5} - 1}{2}\vec{b}$$

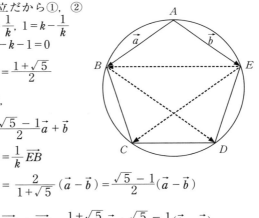

---

6. $\triangle ABC$ の辺 BC, CA, AB をそれぞれ $m_1 : n_1$, $m_2 : n_2$, $m_3 : n_3$ の比に分ける点を P, Q, R とするとき, P, Q, R が一直線上にあるための条件は,

$$\frac{m_1}{n_1} \cdot \frac{m_2}{n_2} \cdot \frac{m_3}{n_3} = -1$$

であることを示せ。(メネラウスの定理とその逆)

[解答]

C を始点にとって, $\overrightarrow{CA} = \vec{a}$, $\overrightarrow{CB} = \vec{b}$ とおく。
また, 簡単のため

$\dfrac{m_1}{n_1}=p,\ \dfrac{m_2}{n_2}=q,\ \dfrac{m_3}{n_3}=r$ とおく
（これは，$m_1:n_1=p:1,\ m_2:n_2=q:1,\ m_3:n_3=r:1$ とした
ことに当たる）。このとき，

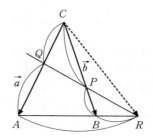

$$\overrightarrow{CP}=\dfrac{1}{p+1}\vec{b},$$

$$\overrightarrow{CQ}=\dfrac{q}{q+1}\vec{a},$$

$$\overrightarrow{CR}=\dfrac{\vec{a}+r\vec{b}}{r+1}$$

$$\therefore\ \overrightarrow{QP}=\dfrac{1}{p+1}\vec{b}-\dfrac{q}{q+1}\vec{a},$$

$$\overrightarrow{QR}=\dfrac{1-qr}{(q+1)(r+1)}\vec{a}+\dfrac{r}{r+1}\vec{b}$$

さて，P, Q, R が一直線上にあるとすると，
$\overrightarrow{QR}=k\overrightarrow{QP}$ （k は実数）と書けるから

$$\dfrac{1-qr}{(q+1)(r+1)}\vec{a}+\dfrac{r}{r+1}\vec{b}=\dfrac{k}{p+1}\vec{b}-\dfrac{kq}{q+1}\vec{a}$$

$\vec{a},\vec{b}$ は独立だから $\dfrac{1-qr}{(q+1)(r+1)}=-\dfrac{kq}{q+1},\ \dfrac{r}{r+1}=\dfrac{k}{p+1}$

第2式からの k を第1式に代入して，整理すると $pqr=-1$
逆に，$pqr=-1$ が満たされているとする。

$$\overrightarrow{QP}=\dfrac{1}{(p+1)(q+1)}\{(q+1)\vec{b}-q(p+1)\vec{a}\}$$

一方，$\overrightarrow{QR}=\dfrac{1}{(q+1)(r+1)}\{(1-qr)\vec{a}+r(q+1)\vec{b}\}$

この { } 内を $r=-\dfrac{1}{pq}$ によって書き換えると

$$\vec{QR} = \frac{pq}{(q+1)(r+1)}\{q(p+1)\vec{a} - (q+1)\vec{b}\}$$

よって，$\vec{QR} = k\vec{QP}$ （kは実数）と書けることが分かる。したがって，P, Q, Rは一直線上にある。

［注］-1になっているのは，直線に向きを付けて考えていることによる。

第3章　ベクトルの内積について（P59〜60）

1．$\triangle ABC$の頂点B, Cからそれぞれ辺CA, ABに下ろした垂線の交点をHとする。位置ベクトルの始点を$\triangle ABC$の外心Oにとり，$A(\vec{a})$, $B(\vec{b})$, $C(\vec{c})$, $H(\vec{h})$とする。このとき，次のことが成り立つことを示せ。

(1) AのOに関する対称点をA'とすると，$\square A'CHB$は平行四辺形。

(2) $\vec{h} = \vec{a} + \vec{b} + \vec{c}$　　(3) $\vec{AH} \perp \vec{BC}$

[解答]

(1) $A'(-\vec{a})$で，AA'は外接円の直径であるから，$A'B \perp AB$であり，$A'B // CH$。同じ理由で$A'C \perp AC$であるから，$A'C // BH$。

よって，$\square A'CHB$は平行四辺形である。

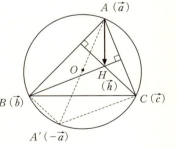

(2) 上の結果より$\vec{A'B} = \vec{CH}$であるから

$\vec{b} - (-\vec{a}) = \vec{h} - \vec{c}$　　　$\therefore \vec{h} = \vec{a} + \vec{b} + \vec{c}$

(3) $\vec{AH} \cdot \vec{BC} = 0$ となることを示せばよい。

O は外接円の中心であるから，$|\vec{a}|=|\vec{b}|=|\vec{c}|$ に注意して，$\vec{AH} \cdot \vec{BC}$ を計算すると，
$$\vec{AH} \cdot \vec{BC} = (\vec{h}-\vec{a}) \cdot (\vec{c}-\vec{b}) = (\vec{b}+\vec{c}) \cdot (\vec{c}-\vec{b})$$
$$= |\vec{c}|^2 - |\vec{b}|^2 = 0$$
よって，$\vec{AH} \perp \vec{BC}$

[注] 以上で，"3つの垂線は1点 H で交わる"こと［垂心の存在］が示されたことになる。なお，$\triangle ABC$ の重心 G は $\vec{OG} = \frac{1}{3}(\vec{a}+\vec{b}+\vec{c})$ と書けるから，$\vec{OH} = 3\vec{OG}$ が成り立つ。これは，外心 O，重心 G，垂心 H は一直線上にあって，$OG:GH = 1:2$ であることを示す。

---

2. $\triangle ABC$ において，$\vec{CA} \cdot \vec{AB} = a$，$\vec{AB} \cdot \vec{BC} = b$，$\vec{BC} \cdot \vec{CA} = c$ とおくとき，$\triangle ABC$ の面積 S は $S = \frac{1}{2}\sqrt{ab+bc+ca}$ であることを示せ。

[解答]

$2S = \sqrt{|\vec{AB}|^2 |\vec{AC}|^2 - (\vec{AB} \cdot \vec{AC})^2}$ から導く。

$\vec{AB} \cdot \vec{AC} = -\vec{CA} \cdot \vec{AB} = -a$ より
$$(\vec{AB} \cdot \vec{AC})^2 = (-a)^2 = a^2$$
$$|\vec{AB}|^2 = \vec{AB} \cdot \vec{AB} = \vec{AB} \cdot (\vec{AC}+\vec{CB})$$
$$= -\vec{AB} \cdot (\vec{CA}+\vec{BC}) = -(a+b)$$
$$|\vec{AC}|^2 = \vec{AC} \cdot \vec{AC} = \vec{AC} \cdot (\vec{AB}+\vec{BC})$$
$$= -\vec{CA} \cdot (\vec{AB}+\vec{BC}) = -(a+c)$$
だから，$2S = \sqrt{(a+b)(a+c)-a^2} = \sqrt{ab+bc+ca}$
となります。きれいな結果です。

3. $OA=2$, $OB=3$, $\angle AOB=60°$ の $\triangle OAB$ の頂点 O から辺 AB に下ろした垂線の足を H とし，頂点 A から辺 OB に下ろした垂線の足を P とする。OH と AP の交点を Q とするとき，次の値を求めよ。

(1) $AH:HB$ (2) $|\overrightarrow{OH}|$ (3) $OQ:QH$

[解答]

(1) $AH:HB=t:1-t$ とおくと，$\overrightarrow{OH}=(1-t)\overrightarrow{OA}+t\overrightarrow{OB}$ と書ける。

$\overrightarrow{OH}\perp\overrightarrow{AB}$ だから，

内積 $\overrightarrow{OH}\cdot\overrightarrow{AB}=0$

よって，

$\{(1-t)\overrightarrow{OA}+t\overrightarrow{OB}\}$
$\cdot(\overrightarrow{OB}-\overrightarrow{OA})=0$

$(1-t)\overrightarrow{OA}\cdot\overrightarrow{OB}-(1-t)|\overrightarrow{OA}|^2$
$+t|\overrightarrow{OB}|^2-t\overrightarrow{OA}\cdot\overrightarrow{OB}=0$

ここで，$\overrightarrow{OA}\cdot\overrightarrow{OB}=2\cdot3\cdot\cos60°=3$ だから

$3(1-t)-4(1-t)+9t-3t=0$

これを解いて $t=\dfrac{1}{7}$ よって，$AH:HB=1:6$

(2) $\overrightarrow{OH}=\dfrac{6}{7}\overrightarrow{OA}+\dfrac{1}{7}\overrightarrow{OB}$ より

$|\overrightarrow{OH}|^2=\left|\dfrac{6}{7}\overrightarrow{OA}+\dfrac{1}{7}\overrightarrow{OB}\right|^2$

$=\dfrac{1}{49}\left(36|\overrightarrow{OA}|^2+12\overrightarrow{OA}\cdot\overrightarrow{OB}+|\overrightarrow{OB}|^2\right)$

$=\dfrac{1}{49}(36\times4+12\times3+9)=\dfrac{189}{49}$

225

よって，$|\overrightarrow{OH}| = \dfrac{3\sqrt{21}}{7}$

(3) まず，$\angle AOB = 60°$ より，$OP=1$ に注意すると，$PB=2$ である。$AQ:QP = s:1-s$ とおくと，

$$\overrightarrow{OQ} = (1-s)\overrightarrow{OA} + s\overrightarrow{OP} = (1-s)\overrightarrow{OA} + \dfrac{s}{3}\overrightarrow{OB}$$

また，実数 k により $\overrightarrow{OQ} = k\overrightarrow{OH}$ とおけるから，

$$\overrightarrow{OQ} = \dfrac{6k}{7}\overrightarrow{OA} + \dfrac{k}{7}\overrightarrow{OB}$$

これらより，$1-s = \dfrac{6k}{7}$，$\dfrac{s}{3} = \dfrac{k}{7}$ 　　∴ $k = \dfrac{7}{9}$

よって，$OQ:QH = 7:2$

4．$\triangle ABC$ の外側に正方形 $ABDE$，$ACFG$ を作る。このとき，次が成り立つことを示せ。

(1) 辺 BC の中点を M とすれば，$AM \perp EG$
(2) $EG = 2AM$

[解答]

右図のように $\vec{a}, \vec{b}, \vec{c}, \vec{d}$ をとる。
$|\vec{a}| = |\vec{c}|, |\vec{b}| = |\vec{d}|$ で
$\vec{a} \cdot \vec{c} = 0, \vec{b} \cdot \vec{d} = 0$

(1) $\overrightarrow{AM} = \dfrac{1}{2}(\vec{a} + \vec{b})$，
$\overrightarrow{EG} = \vec{d} - \vec{c}$ だから

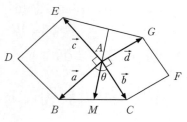

$2\overrightarrow{AM} \cdot \overrightarrow{EG}$
$= (\vec{a} + \vec{b}) \cdot (\vec{d} - \vec{c})$
$= \vec{a} \cdot \vec{d} - \vec{a} \cdot \vec{c} + \vec{b} \cdot \vec{d} - \vec{b} \cdot \vec{c}$
$= \vec{a} \cdot \vec{d} - \vec{b} \cdot \vec{c}$

ここで, $\angle BAC = \theta$ とすると,
$$\vec{a} \cdot \vec{d} = |\vec{a}||\vec{d}|\cos(90°+\theta),$$
$$\vec{b} \cdot \vec{c} = |\vec{b}||\vec{c}|\cos(90°+\theta)$$
ゆえに, $\vec{a} \cdot \vec{d} - \vec{b} \cdot \vec{c} = 0$ よって, $\overrightarrow{AM} \cdot \overrightarrow{EG} = 0$
また, $\overrightarrow{AM} \neq \vec{0}$, $\overrightarrow{EG} \neq \vec{0}$ だから, $\overrightarrow{AM} \perp \overrightarrow{EG}$
(2) $|\overrightarrow{EG}|^2 = |\vec{d}-\vec{c}|^2 = |\vec{d}|^2 - 2\vec{d}\cdot\vec{c} + |\vec{c}|^2$
$$= |\vec{b}|^2 - 2\vec{c}\cdot\vec{d} + |\vec{a}|^2$$
ここで, $\vec{c} \cdot \vec{d} = |\vec{c}||\vec{d}|\cos(180°-\theta)$
$$= -|\vec{c}||\vec{d}|\cos\theta$$
$$= -|\vec{a}||\vec{b}|\cos\theta = -\vec{a}\cdot\vec{b}$$
であるから,
$$|\overrightarrow{EG}|^2 = |\vec{b}|^2 - 2\vec{c}\cdot\vec{d} + |\vec{a}|^2$$
$$= |\vec{b}|^2 + 2\vec{a}\cdot\vec{b} + |\vec{a}|^2 = |\vec{a}+\vec{b}|^2$$
よって, $|\overrightarrow{EG}|^2 = |\overrightarrow{AB}+\overrightarrow{AC}|^2 = |2\overrightarrow{AM}|^2$ $\therefore EG = 2AM$

[注] 面積について, $\triangle ABC = \triangle AEG$ なども成り立つ。

---

5. 1辺の長さが1の正五角形 $ABCDE$ に対して, $\overrightarrow{AB} = \vec{a}$, $\overrightarrow{AE} = \vec{b}$ とおく。BD の長さを x とするとき, 次の問いに答えよ。
(1) 内積 $\vec{a} \cdot \vec{b}$ の値を x を用いて表せ。
(2) x の値を求めよ。

[解答]
(1) $|\overrightarrow{BE}|^2 = |\vec{b}-\vec{a}|^2 = |\vec{b}|^2 - 2\vec{a}\cdot\vec{b} + |\vec{a}|^2$
$$= 2 - 2\vec{a}\cdot\vec{b}$$
ここで, $|\overrightarrow{BE}| = |\overrightarrow{BD}| = x$ であるから
$$x^2 = 2 - 2\vec{a}\cdot\vec{b} \qquad \therefore \vec{a}\cdot\vec{b} = 1 - \frac{1}{2}x^2$$

(2) $\vec{AD} = \vec{AB} + \vec{BD} = \vec{a} + x\vec{b}$ だから

$$|\vec{AD}|^2 = |\vec{a} + x\vec{b}|^2 = |\vec{a}|^2 + 2x\vec{a}\cdot\vec{b} + x^2|\vec{b}|^2$$
$$= 1 + 2x\vec{a}\cdot\vec{b} + x^2$$

ここで，$|\vec{AD}| = x$ だから

$x^2 = 1 + 2x\vec{a}\cdot\vec{b} + x^2$

$\therefore 1 + 2x\vec{a}\cdot\vec{b} = 0$

これと (1) の結果から，

$1 + x(2 - x^2) = 0$

$\therefore x^3 - 2x - 1 = 0$

因数分解して

$(x+1)(x^2 - x - 1) = 0$

$x > 0$ より，$x = \dfrac{1 + \sqrt{5}}{2}$

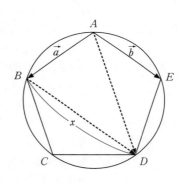

[注] なお，$\vec{a}\cdot\vec{b} = 1 - \dfrac{1}{2}\cdot\dfrac{3+\sqrt{5}}{2} = \dfrac{1-\sqrt{5}}{4}$

第4章 重心から眺めたベクトルの世界（P82）

1. 点 P が $\triangle ABC$ の内部にあるための必要十分条件は，適当な正数 l, m, n によって $l\vec{PA} + m\vec{PB} + n\vec{PC} = \vec{0}$ と書けることである。これを証明せよ。

[解答]

点 P が正数 l, m, n によって
$l\vec{PA} + m\vec{PB} + n\vec{PC} = \vec{0}$ と書けて
いるなら，$m\vec{PB} + n\vec{PC} = -l\vec{PA}$
だから，BC を $n : m$ に内分する点
を D とすると

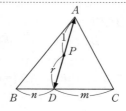

$$\vec{PD} = \frac{m\vec{PB}+n\vec{PC}}{n+m}$$

だから，$(m+n)\vec{PD} = -l\vec{PA}$

と書ける。

これは，$\vec{PA} \parallel \vec{PD}$ で A, D は P に関し反対側にあることを示しているから，P は $\triangle ABC$ の内部にある。

逆に，P が $\triangle ABC$ の内部にあるとき，AP の延長が辺 BC と交わる点を D とすると，D は BC を内分するから

$$\vec{PD} = \frac{m\vec{PB}+n\vec{PC}}{n+m} \quad \text{と書ける。}$$

また，$AP:PD=1:r\,(r>0)$ とすると，$-r\vec{PA}=\vec{PD}$ だから

$\quad -r(m+n)\vec{PA} = m\vec{PB}+n\vec{PC}$ と書ける。

ここで，$l=r(m+n)$ とおけば，

$\quad l\vec{PA}+m\vec{PB}+n\vec{PC}=\vec{0}$ （$l>0, m>0, n>0$）と書ける。

[注] 単なる存在定理でなく，P を正数 l, m, n によって具体的に書いて見せていることに特徴がある。その根底には質点の力学があり，三角形内のどんな点 P も l, m, n を調整することによりそれを（加重）重心にすることができると言っているのです。

2． $\triangle ABC$ の辺 BC, CA, AB をそれぞれ $m_1:n_1$, $m_2:n_2$, $m_3:n_3$ の比に分ける点を P, Q, R とする。このとき，3直線 AP, BQ, CR が1点で交わるための条件は，

$$\frac{m_1}{n_1} \cdot \frac{m_2}{n_2} \cdot \frac{m_3}{n_3} = 1 \quad \text{（チェバの定理とその逆）}$$

であることを証明せよ。

[解答]

C に始点をとり, $\vec{CA} = \vec{a}$, $\vec{CB} = \vec{b}$ とする。また, 簡単のため $\frac{m_1}{n_1} = p$, $\frac{m_2}{n_2} = q$, $\frac{m_3}{n_3} = r$ とおく(これは, $m_1 : n_1 = p : 1$, $m_2 : n_2 = q : 1$, $m_3 : n_3 = r : 1$ としたことに当たる)。

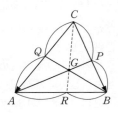

このとき, $\vec{CP} = \dfrac{1}{p+1}\vec{b}$, $\vec{CQ} = \dfrac{q}{q+1}\vec{a}$, $\vec{CR} = \dfrac{\vec{a} + r\vec{b}}{r+1}$

AP と BQ の交点を G とすると, G は直線 AP 上の点だから

$$\vec{CG} = (1-s)\vec{CA} + s\vec{CP} = (1-s)\vec{a} + \dfrac{s}{p+1}\vec{b}$$

G は直線 BQ 上の点でもあるから

$$\vec{CG} = (1-t)\vec{CB} + t\vec{CQ} = (1-t)\vec{b} + \dfrac{tq}{q+1}\vec{a}$$

$\vec{a}$ と $\vec{b}$ は独立だから $1-s = \dfrac{tq}{q+1}$, $\dfrac{s}{p+1} = 1-t$

これらより $s = \dfrac{p+1}{pq+p+1}$

よって, $\vec{CG} = \dfrac{pq}{pq+p+1}\vec{a} + \dfrac{1}{pq+p+1}\vec{b}$

$$= \dfrac{1}{pq+p+1}(pq\vec{a} + \vec{b}) \quad \cdots\cdots\cdots ①$$

CR が G を通るとき $\vec{CR} = k\vec{CG} = \dfrac{k}{pq+p+1}(pq\vec{a} + \vec{b})$ と書け,

また, R は辺 AB 上の点であるから, 係数の和 $= 1$

よって, $\dfrac{k(pq+1)}{pq+p+1} = 1$ より $k = \dfrac{pq+p+1}{pq+1}$

したがって，$\vec{CR} = \dfrac{pq}{pq+1}\vec{a} + \dfrac{1}{pq+1}\vec{b}$ ………①′

一方，$\vec{CR} = \dfrac{1}{r+1}\vec{a} + \dfrac{r}{r+1}\vec{b}$ ………②

だから①′，②より $\dfrac{pq}{pq+1} = \dfrac{1}{r+1}$, $\dfrac{1}{pq+1} = \dfrac{r}{r+1}$

これらから $pqr = 1$

逆に，$pqr = 1$ のとき，②で $r = \dfrac{1}{pq}$ とすると，

$$\vec{CR} = \dfrac{pq}{pq+1}\vec{a} + \dfrac{1}{pq+1}\vec{b} = \dfrac{1}{pq+1}(pq\vec{a} + \vec{b})$$

これと①をあわせると，$\vec{CR} = k\vec{CG}$ と書けることが分かる。よって，CR は G を通り，AP, BQ, CR は一点で交わることが示された。

第5章 ベクトルの内積，再び（P92）

1．3点 A, B, C が点 O を中心とする半径 1 の円周上にあり，$5\vec{OA} + 4\vec{OB} + 3\vec{OC} = \vec{0}$ を満たしている。このとき，
(1) 内積 $\vec{OB} \cdot \vec{OC}$，$\vec{OC} \cdot \vec{OA}$，$\vec{OA} \cdot \vec{OB}$ を求めよ。
(2) $\triangle ABC$ の面積を求めよ。
(3) A から BC へ下した垂線 AH の長さを求めよ。

[解答]
(1) まず，$\vec{OB} \cdot \vec{OC}$ を求めるため $4\vec{OB} + 3\vec{OC} = -5\vec{OA}$ から $|4\vec{OB} + 3\vec{OC}| = 5|\vec{OA}|$
この両辺を2乗して，内積の計算をすると
　　　$16 + 24\vec{OB} \cdot \vec{OC} + 9 = 25$　　よって，$\vec{OB} \cdot \vec{OC} = 0$
次の $\vec{OC} \cdot \vec{OA}$，$\vec{OA} \cdot \vec{OB}$ もほとんど同じに計算できるが，$\vec{OB} \cdot \vec{OC} = 0$ を利用して $5\vec{OA} + 4\vec{OB} = -3\vec{OC}$ と $\vec{OB}$ の内積をとり

$(5\overrightarrow{OA} + 4\overrightarrow{OB}) \cdot \overrightarrow{OB} = 0$

として $5\overrightarrow{OA} \cdot \overrightarrow{OB} + 4 = 0$ より,

$\overrightarrow{OA} \cdot \overrightarrow{OB} = -\dfrac{4}{5}$ とやるのがよい。

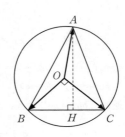

同様に $5\overrightarrow{OA} + 3\overrightarrow{OC} = -4\overrightarrow{OB}$ と $\overrightarrow{OC}$ の内積をとり

$(5\overrightarrow{OA} + 3\overrightarrow{OC}) \cdot \overrightarrow{OC} = 0$

$5\overrightarrow{OA} \cdot \overrightarrow{OC} + 3 = 0$

$\therefore \overrightarrow{OA} \cdot \overrightarrow{OC} = -\dfrac{3}{5}$

(2) △ABC の面積は,△OAB,△OBC と△OCA の和による。

$\triangle OAB = \dfrac{1}{2}\sqrt{|\overrightarrow{OA}|^2 |\overrightarrow{OB}|^2 - (\overrightarrow{OA} \cdot \overrightarrow{OB})^2}$

$= \dfrac{1}{2}\sqrt{1 \times 1 - \dfrac{16}{25}} = \dfrac{3}{10}$

同様に, $\triangle OCA = \dfrac{1}{2}\sqrt{1 \times 1 - \dfrac{9}{25}} = \dfrac{4}{10}$

また, $\triangle OBC = \dfrac{1}{2} \times 1 \times 1 = \dfrac{1}{2}$

よって, $\triangle ABC = \dfrac{3}{10} + \dfrac{1}{2} + \dfrac{4}{10} = \dfrac{6}{5}$

(3) 垂線 AH の長さは面積を利用して求めるのが早い。

$|\overrightarrow{BC}| = \sqrt{2}$ だから, $\triangle ABC = \dfrac{1}{2}BC \times AH = \dfrac{\sqrt{2}}{2}AH = \dfrac{6}{5}$

よって, $AH = \dfrac{6\sqrt{2}}{5}$

2. 1辺 a の正三角形 ABC の外接円周上の任意の点を P とする。このとき、つねに $PA^2 + PB^2 + PC^2 = 2a^2$ が成り立つことを示せ。

[解答]

外接円の中心を O とすると、半径は $\dfrac{1}{\sqrt{3}}a$ である。

$|\vec{PA}|^2 + |\vec{PB}|^2 + |\vec{PC}|^2$
$= |\vec{OA} - \vec{OP}|^2 + |\vec{OB} - \vec{OP}|^2 + |\vec{OC} - \vec{OP}|^2$
$= |\vec{OA}|^2 + |\vec{OB}|^2 + |\vec{OC}|^2$
$\quad - 2(\vec{OA} + \vec{OB} + \vec{OC}) \cdot \vec{OP}$
$\quad + 3|\vec{OP}|^2$

ここで、$|\vec{OA}| = |\vec{OB}| = |\vec{OC}|$
$= |\vec{OP}| = \dfrac{1}{\sqrt{3}} a$ で、

O は $\triangle ABC$ の重心でもあるから
$\vec{OA} + \vec{OB} + \vec{OC} = \vec{0}$
よって、$|\vec{PA}|^2 + |\vec{PB}|^2 + |\vec{PC}|^2$
$= \dfrac{1}{3}a^2 + \dfrac{1}{3}a^2 + \dfrac{1}{3}a^2 + 3 \times \dfrac{1}{3}a^2 = 2a^2$

---

3. 2定点 A, B に対し、点 P が条件 $3AP^2 + BP^2 = AB^2$ を満たしながら動くとき、P の軌跡を求めよ。

[解答]

線分 AB を $1:3$ に内分する点を C (A, B にそれぞれ $3, 1$ の質量を与えたときの重心を C) とすると、
$3\vec{CA} + \vec{CB} = \vec{0}$ が成り立つことに注意して、条件式を C

を始点に書き換えると,

$3|\vec{CP}-\vec{CA}|^2+|\vec{CP}-\vec{CB}|^2$
$=|\vec{CB}-\vec{CA}|^2$

$3|\vec{CP}|^2-6\vec{CP}\cdot\vec{CA}+3|\vec{CA}|^2+|\vec{CP}|^2-2\vec{CP}\cdot\vec{CB}+|\vec{CB}|^2$
$=|\vec{CB}|^2-2\vec{CB}\cdot\vec{CA}+|\vec{CA}|^2$

$4|\vec{CP}|^2-2(3\vec{CA}+\vec{CB})\cdot\vec{CP}=-2(|\vec{CA}|^2+\vec{CA}\cdot\vec{CB})$

ここで, $3\vec{CA}+\vec{CB}=0$ より $|\vec{CP}|^2=-\dfrac{1}{2}\vec{CA}\cdot(\vec{CA}+\vec{CB})$

さらに, A, B の中点を M と置くと, $|\vec{CP}|^2=-\vec{CA}\cdot\vec{CM}$
$\vec{CM}=-\vec{CA}$ だから, $|\vec{CP}|^2=|\vec{CA}|^2$ ∴ $|\vec{CP}|=|\vec{CA}|$

よって, 点 P は C を中心とする半径 CA の円である。

---

4. △ABC の重心を G とするとき, 等式
$$AB^2+BC^2+CA^2=3(GA^2+GB^2+GC^2)$$
が成り立つことを示せ。

[解答]

重心 G を始点として, $|\vec{AB}|^2+|\vec{BC}|^2+|\vec{CA}|^2$ を書き換えると,

$|\vec{AB}|^2+|\vec{BC}|^2+|\vec{CA}|^2$
$=|\vec{GB}-\vec{GA}|^2+|\vec{GC}-\vec{GB}|^2+|\vec{GA}-\vec{GC}|^2$
$=2(|\vec{GA}|^2+|\vec{GB}|^2+|\vec{GC}|^2)$
$\quad-2(\vec{GA}\cdot\vec{GB}+\vec{GB}\cdot\vec{GC}+\vec{GC}\cdot\vec{GA})$

ここで, $-2(\vec{GA}\cdot\vec{GB}+\vec{GB}\cdot\vec{GC}+\vec{GC}\cdot\vec{GA})=|\vec{GA}|^2+|\vec{GB}|^2+|\vec{GC}|^2$ であることを示せれば証明できたことになる。ここで G が重心であることを使うと,
$\vec{GA}+\vec{GB}+\vec{GC}=\vec{0}$ より, $|\vec{GA}+\vec{GB}+\vec{GC}|^2=0$

∴ $|\vec{GA}+\vec{GB}+\vec{GC}|^2$
$=|\vec{GA}|^2+|\vec{GB}|^2+|\vec{GC}|^2$

$$+2(\vec{GA}\cdot\vec{GB}+\vec{GB}\cdot\vec{GC}+\vec{GC}\cdot\vec{GA})=0$$
よって，$-2(\vec{GA}\cdot\vec{GB}+\vec{GB}\cdot\vec{GC}+\vec{GC}\cdot\vec{GA})$
$$=|\vec{GA}|^2+|\vec{GB}|^2+|\vec{GC}|^2$$
したがって，$|\vec{AB}|^2+|\vec{BC}|^2+|\vec{CA}|^2$
$$=3(|\vec{GA}|^2+|\vec{GB}|^2+|\vec{GC}|^2)$$

5． 平面上に四角形 $ABCD$ があり，同じ平面上の任意の点 P について，つねに $PA^2+PC^2=PB^2+PD^2$ が成り立つとき，四角形 $ABCD$ はどのような形か．

[解答]

対角線の交点を O とし，ここに位置ベクトルの始点をおく。すると，$A(\vec{a})$, $B(\vec{b})$ に対し C, D は $C(-s\vec{a})$, $D(-t\vec{b})$ と書ける。(ただし s, t は正)

$P(\vec{p})$ のとき，条件式
$$|\vec{PA}|^2+|\vec{PC}|^2=|\vec{PB}|^2+|\vec{PD}|^2$$
は，$|\vec{a}-\vec{p}|^2+|-s\vec{a}-\vec{p}|^2$
$\quad =|\vec{b}-\vec{p}|^2+|-t\vec{b}-\vec{p}|^2$ より
$|\vec{a}|^2-2\vec{a}\cdot\vec{p}+|\vec{p}|^2+s^2|\vec{a}|^2$
$\quad +2s\vec{a}\cdot\vec{p}+|\vec{p}|^2$
$=|\vec{b}|^2-2\vec{b}\cdot\vec{p}+|\vec{p}|^2+t^2|\vec{b}|^2+2t\vec{b}\cdot\vec{p}+|\vec{p}|^2$
$\therefore 2\{(s-1)\vec{a}+(1-t)\vec{b}\}\cdot\vec{p}$
$\quad =-(s^2+1)|\vec{a}|^2+(1+t^2)|\vec{b}|^2$

右辺は定数であるが，左辺の $\{\ \}$ 内は定ベクトルで $\vec{p}$ は任意で大きさも向きも変化するから，これらの内積も $\{\ \}$ $=\vec{0}$ 以外では変化する。よって，左辺の内積が定数となるためには $(s-1)\vec{a}+(1-t)\vec{b}=\vec{0}$ でなければならない。

$\vec{a}$, $\vec{b}$ は独立だから $s-1=0$, $1-t=0$ ∴ $s=1$, $t=1$
このとき，右辺は $-2|\vec{a}|^2+2|\vec{b}|^2=0$ ∴ $|\vec{a}|=|\vec{b}|$
以上により，四角形 $ABCD$ は長方形である。

第6章　直線の方程式と円の方程式（P120）

1. $\triangle OAB$ がある。点 P が，任意の 0 でない実数 t に対し，ベクトル方程式 $\overrightarrow{OP} = \overrightarrow{OA} + \left(t+\dfrac{1}{t}\right)\overrightarrow{OB}$ を満たしながら動くとき，P の存在範囲を図示せよ。

[解答]

$\overrightarrow{OP} = \overrightarrow{OA} + \left(t+\dfrac{1}{t}\right)\overrightarrow{OB}$ は，点 P が A を通り $\overrightarrow{OB}$ を方向ベクトルとする直線上を動くことを示す。$t>0$ のとき，相加平均・相乗平均の不等式より

$$t+\dfrac{1}{t} \geq 2\sqrt{t\cdot\dfrac{1}{t}} = 2 \text{（等号は } t=1 \text{ のとき成り立つ）}$$

$t<0$ のときは $t=-s$ とおくと
$\left(t+\dfrac{1}{t}\right) = -\left(s+\dfrac{1}{s}\right)$ で，$s>0$ だから

$s+\dfrac{1}{s} \geq 2$ より $t+\dfrac{1}{t} \leq -2$

よって，求める点 P の範囲は右図の直線の実線部分である。ただし，端点を含む。

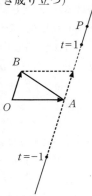

---

2. $OA=2\sqrt{3}$, $OB=1$, $\overrightarrow{OA}\cdot\overrightarrow{OB}=3$ の $\triangle OAB$ がある。実数 t に対し，点 P_t を $\overrightarrow{OP_t} = \overrightarrow{OA} + t\overrightarrow{AB}$ で定義する。t が $1 \leq t \leq 3$ の範囲を動くとき，

(1) $|\overrightarrow{OP_t}|$ の最小値を求めよ。

(2) 線分 OP_t の掃く領域の面積を求めよ。

[解答]

点 P は 2 点 A, B を通る直線上を動く。
$\overrightarrow{OA} = \vec{a}$, $\overrightarrow{OB} = \vec{b}$ とおくと，$\vec{a}\cdot\vec{b} = 3$ で
$\overrightarrow{OP_t} = \overrightarrow{OA} + t(\overrightarrow{OB} - \overrightarrow{OA}) = \vec{a} + t(\vec{b} - \vec{a}) = (1-t)\vec{a} + t\vec{b}$

(1) $|\overrightarrow{OP_t}|^2 = |(1-t)\vec{a} + t\vec{b}|^2$
$= (1-t)^2|\vec{a}|^2 + 2(1-t)t\vec{a}\cdot\vec{b} + t^2|\vec{b}|^2$
$= 7t^2 - 18t + 12 = 7\left(t - \dfrac{9}{7}\right)^2 + \dfrac{3}{7}$

$1 \leq t \leq 3$ ではこの値は $t = \dfrac{9}{7}$ のとき最小で，

最小値は $|\overrightarrow{OP_t}| = \sqrt{\dfrac{3}{7}}$

(2) t の値が 1 から 3 まで
変化するとき，点 P_t は，
直線上を右図 $P_1(B)$ から
P_3 まで動く。このとき，
線分 OP_t は斜線を施した△
OBP_3 の内部を掃く。この
三角形の高さ OH は (1)

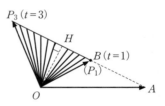

より $OH = \sqrt{\dfrac{3}{7}}$ で，$|\overrightarrow{P_1P_3}|$ は，$\overrightarrow{OP_1} = \vec{b}$, $\overrightarrow{OP_3} = 3\vec{b} - 2\vec{a}$ よ
り $\overrightarrow{P_1P_3} = (3\vec{b} - 2\vec{a}) - \vec{b} = 2(\vec{b} - \vec{a})$ (これは $2\overrightarrow{AB}$ に等しい)
だから
$|\overrightarrow{P_1P_3}|^2 = 4|\vec{b} - \vec{a}|^2 = 4(|\vec{b}|^2 - 2\vec{a}\cdot\vec{b} + |\vec{a}|^2)$
$= 4\{1^2 - 2\cdot 3 + (2\sqrt{3})^2\} = 4\cdot 7$

よって $|\overrightarrow{P_1P_3}| = 2\sqrt{7}$

したがって，$\triangle OP_1P_3 = \dfrac{1}{2}\cdot 2\sqrt{7}\cdot\sqrt{\dfrac{3}{7}} = \sqrt{3}$

[注] $\triangle OP_1P_3$ の面積は $\triangle OAB$ の面積の2倍に等しいことから

$$\triangle OP_1P_3 = 2\triangle OAB = \sqrt{|\overrightarrow{OA}|^2|\overrightarrow{OB}|^2 - (\overrightarrow{OA}\cdot\overrightarrow{OB})^2}$$
$$= \sqrt{12\cdot 1 - 9} = \sqrt{3}$$

と求めてもよい。

---

3. O を原点とする座標平面上に $A(-1, -1)$, $B(2, 2)$ があり，動点 P, Q はそれぞれ $|\overrightarrow{OP} - \overrightarrow{OA}| = 1$, $|\overrightarrow{OQ} - \overrightarrow{OB}| = 2$ を満たしながら動く。このとき，内積 $\overrightarrow{OP}\cdot\overrightarrow{OQ}$ の最大値・最小値を求めよ。

[解答]

点 P は A を中心とした半径1の円周上を，点 Q は B を中心とした半径2の円周上を，下図のように独立に動く。$\overrightarrow{OP}$, $\overrightarrow{OQ}$ のなす角を θ とすると，$90° \leq \theta \leq 180°$

内積 $\overrightarrow{OP}\cdot\overrightarrow{OQ} = |\overrightarrow{OP}||\overrightarrow{OQ}|\cos\theta$ は，$-1 \leq \cos\theta \leq 0$ より $\cos\theta = 0$ すなわち $\theta = 90°$ のとき最大となり，最大値は0。

また，最小となるのは P, O, Q が一直線となり，OP, OQ が共に中心 A, B を通るときで，$\theta = 180°$（図で P_1, Q_1）のときである。

$$|\overrightarrow{OP_1}| = |\overrightarrow{OA}| + |\overrightarrow{AP_1}|$$
$$= \sqrt{2} + 1$$
$$|\overrightarrow{OQ_1}| = |\overrightarrow{OB}| + |\overrightarrow{BQ_1}|$$
$$= 2\sqrt{2} + 2$$

で，$\cos\theta = -1$ より $\overrightarrow{OP}\cdot\overrightarrow{OQ}$ の最小値は

$$\overrightarrow{OP_1}\cdot\overrightarrow{OQ_1}$$
$$= -(\sqrt{2}+1)(2\sqrt{2}+2)$$

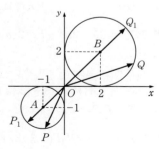

$$= -6 - 4\sqrt{2}$$

第7章　点の存在範囲とベクトル（P135）

$\triangle OAB$ において，$\vec{OA} = \vec{a}$, $\vec{OB} = \vec{b}$ とする。
実数 s, t が $0 \leq s+t \leq 1$, $s \geq 0$, $t \geq 0$ の範囲を動くとき，
$$\vec{OP} = (2s+t)\vec{a} + (s-t)\vec{b}$$
を満たす点 P の存在範囲を図示せよ。また，その存在範囲は $\triangle OAB$ の面積の何倍であるか。

[解答]

$\vec{OP} = 2s\vec{a} + s\vec{b} + t\vec{a} - t\vec{b}$
　　$= s(2\vec{a} + \vec{b}) + t(\vec{a} - \vec{b})$
ここで，$2\vec{a} + \vec{b}$
$= 2\vec{OA} + \vec{OB} = \vec{OC}$,
$\vec{a} - \vec{b} = \vec{OA} - \vec{OB} = \vec{OD}$
とおくと，
$$\vec{OP} = s\vec{OC} + t\vec{OD}$$

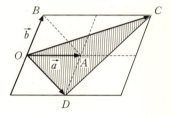

$0 \leq s+t \leq 1$, $s \geq 0$, $t \geq 0$ であるから，求める点 P の存在範囲は $\triangle OCD$ の周および内部である。

　また，$\vec{BA} = \vec{OD}$ であるから $\triangle OCD = 3\triangle OAB$ である。

第8章　斜交座標と図形の方程式（P151）

1．$\triangle OAB$ において，$\vec{OA} = \vec{a}$, $\vec{OB} = \vec{b}$ とする。実数 s, t が $0 \leq s+t \leq 1$, $s \geq 0$, $t \geq 0$ の範囲を動くとき，
$$\vec{OP} = (2s+t)\vec{a} + (s-t)\vec{b}$$
を満たす点 P の存在範囲を図示せよ。また，点 P の存在範囲は $\triangle OAB$ の面積の何倍であるか。

[解答]

$2s+t=x$ ……①, $s-t=y$ ……② と置く。

①+②より $x+y=3s$, ①-②×2より $x-2y=3t$

また, $3(s+t)=2x-y$

これらと条件不等式から $x+y≥0$, $x-2y≥0$, $0≤2x-y≤3$

これを $\vec{a}, \vec{b}$ を基準とする斜交座標系で表すと, 右図のようになる。なお, 面積は3倍であることが図から読み取れる。

---

2. 点 $A(\sqrt{3}, 1)$, $B(-1, \sqrt{3})$, $C(3, 0)$ があり, $\overrightarrow{OA}=\vec{a}$, $\overrightarrow{OB}=\vec{b}$ とおく。このとき点 P を $\overrightarrow{OP}=s\vec{a}+t\vec{b}$ ($s^2+t^2=1$, $s≥0$) で定めるとき, CP の長さの最小値・最大値を求めよ。

[解答]

$|\vec{a}|=|\vec{b}|=2$ で, $\vec{a}$ を90°回転すると $\vec{b}$ に重なるから, $\vec{a}$, $\vec{b}$ を基準とする O-XY 座標系を設定すると, 点 P は右図のような半径2の半円を描く。

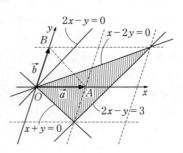

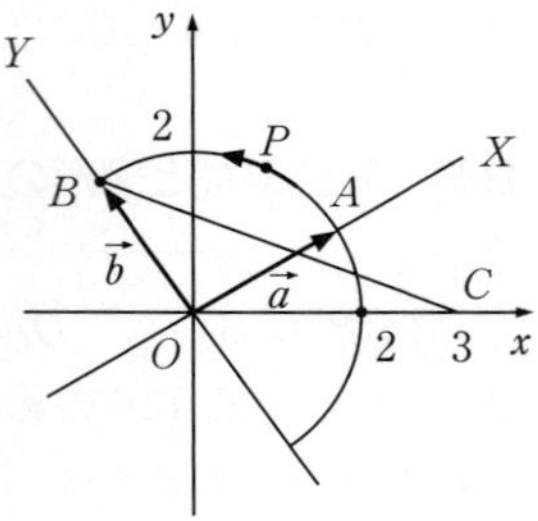

よって, $C(3, 0)$ からの距離が最小となるのは $P(2, 0)$ のときで, 最小値 1。最大となるのは P が $B(-1, \sqrt{3})$ に位置するときで, 最大値

$CB = \sqrt{(-1-3)^2 + (\sqrt{3})^2} = \sqrt{19}$

別解) $P(x, y)$ とおくと,$x = \sqrt{3}s - t$, $y = s + \sqrt{3}t$
これを s, t について解くと,
$$s = \frac{1}{4}(\sqrt{3}x + y), \quad t = -\frac{1}{4}(x - \sqrt{3}y)$$
$s^2 + t^2 = 1$ より $(\sqrt{3}x + y)^2 + (x - \sqrt{3}y)^2 = 16$
これを展開して整理すると,$x^2 + y^2 = 4$
また,$s \geq 0$ より $y \geq -\sqrt{3}x$ だから,$-1 \leq x \leq 2$
このとき,$CP^2 = (x-3)^2 + y^2 = x^2 - 6x + 9 + y^2 = 13 - 6x$
この x の1次式は,$x = -1$ のとき最大値 $= 13 + 6 = 19$,$x = 2$ のとき最小値 $= 13 - 12 = 1$ をとるから,CP の最大値は $\sqrt{19}$,最小値は1である。

第9章 平行四辺形の面積と行列式 (P170)

1. 動点 P が3直線 $x + y - 4 = 0$,$4x - 3y + 12 = 0$,$y = 0$ で囲まれる三角形の内部または周上を動くとき,P から3直線への距離の和の最大値と最小値を求めよ。

[解答]

3直線を順に l_1, l_2, l_3 とし,$P(x, y)$ とおく。

P から各直線に下ろした垂線の足をそれぞれ H_1, H_2, H_3 とすると,$PH_3 = y$ で,PH_1, PH_2 は

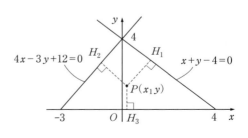

$$PH_1 = \frac{|x+y-4|}{\sqrt{2}}, \; PH_2 = \frac{|4x-3y+12|}{5}$$

$\overrightarrow{H_1P}$ は l_1 の法線ベクトル $\vec{n}_1 = (1, 1)$ と逆向きで，$\overrightarrow{H_2P}$ は l_2 の法線ベクトル $\vec{n}_2 = (4, -3)$ と同じ向きだから，

$$PH_1 = \frac{-x-y+4}{\sqrt{2}}, \; PH_2 = \frac{4x-3y+12}{5}$$

そこで，3直線への距離の和を k とおくと，

$$k = PH_1 + PH_2 + PH_3$$

$$= \left(\frac{4}{5} - \frac{\sqrt{2}}{2}\right)x + \left(\frac{2}{5} - \frac{\sqrt{2}}{2}\right)y + 2\sqrt{2} + \frac{12}{5}$$

点 P が三角形の内部および周を動くとき，この x, y の1次式 k の最大・最小はその頂点で生じるから，3頂点の座標 $(-3, 0), (4, 0), (0, 4)$ をそれぞれ1次式の x, y に代入して，k の値 $\frac{7\sqrt{2}}{2}, \frac{28}{5}, 4$ を得るが，この中に最大値および最小値があるから（直線の傾きを考慮する手間を省いた省エネ解法です），最大値は $\frac{28}{5}$，最小値は 4 となる。

[注] このような1次式の最大値・最小値を求める問題は「線形計画法」と呼ばれている有名問題です。

この問題の結果は，垂線の和は最大角の頂点で最小となり，最小角の頂点で最大となるということです。

2． 実数 t が $0 \leq t \leq 1$ の範囲を動くとき，$\overrightarrow{OP} = (t-1, t)$，$\overrightarrow{PQ} = (1, 1-2t)$ で定められる点 P, Q に対し，$\triangle OPQ$ の面積の最小値を求めよ。

[解答]
$\vec{OQ} = \vec{OP} + \vec{PQ} = (t-1, t) + (1, 1-2t)$
$= (t, 1-t)$ より
$\triangle OPQ = \frac{1}{2}|(t-1)(1-t) - t^2|$
$= \frac{1}{2}|-2t^2 + 2t - 1|$

絶対値の中身 $\delta = -2t^2 + 2t - 1$
$= -2(t^2 - t) - 1$
$= -2\left(t - \frac{1}{2}\right)^2 - \frac{1}{2}$

$0 \leq t \leq 1$ だから $t = \frac{1}{2}$ のとき $\delta = -\frac{1}{2}$ となり,$-1 \leq \delta \leq -\frac{1}{2}$

よって,$\frac{1}{4} \leq \triangle OPQ \leq \frac{1}{2}$ より,

面積の最小値 $\frac{1}{4}$ ($t = \frac{1}{2}$ のとき)

[注] $t : 0 \to 1$ のとき,$\vec{OP} = (t-1, t) = (-1, 0) + t(1, 1)$ だから,P は図の A から B まで動き,$\vec{OQ} = (t, 1-t) = (0, 1) + t(1, -1)$ だから,Q は B から C まで動く。
$\delta < 0$ なのは,$\vec{OP}$ から $\vec{OQ}$ へ至る角が負のためである。

第10章 空間のベクトル (P189〜190)

1. 空間の3点 $A(\vec{a})$, $B(\vec{b})$, $C(\vec{c})$ に対し,
$\vec{p} = \frac{1}{2}\vec{a} + \frac{1}{3}\vec{b} + \frac{1}{6}\vec{c}$ を満たす点 $P(\vec{p})$ の位置を言え。

[解答]
係数の和 $\frac{1}{2} + \frac{1}{3} + \frac{1}{6} = 1$ だから,点 $P(\vec{p})$ は3点 A, B, C の定める平面上にあり,

$$\vec{p} = \frac{3\vec{a}+2\vec{b}+\vec{c}}{6} = \frac{1}{6}\left(5 \cdot \frac{3\vec{a}+2\vec{b}}{5} + \vec{c}\right)$$

ここで,$\vec{d} = \frac{3\vec{a}+2\vec{b}}{5}$ と
おき $D(\vec{d})$ とすると,
D は線分 AB を $2:3$ に
内分する点で,

$$\vec{p} = \frac{5\vec{d}+\vec{c}}{6}$$

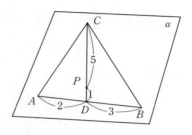

と書ける。
よって,点 P は線分 DC を $1:5$ に内分する位置にある。

---

2. $\angle AOC = \angle BOC = 60°$,$\angle AOB = 90°$,$OA = OB = 1$,$OC = 2$ である四面体 $OABC$ があり,頂点 O から平面 ABC に下した垂線の足を H とし,$\overrightarrow{OA} = \vec{a}$,$\overrightarrow{OB} = \vec{b}$,$\overrightarrow{OC} = \vec{c}$ とおく。このとき,次の問いに答えよ。

(1) $\overrightarrow{OH}$ を $\vec{a}, \vec{b}, \vec{c}$ で表せ。
(2) 垂線 OH の長さを求めよ。

[**解答**]

(1) 内積の計算になるから準備を
しておく。
$|\vec{a}|=1, |\vec{b}|=1, |\vec{c}|=2$,
また $\vec{a}\cdot\vec{b}=0$
$\vec{b}\cdot\vec{c} = 1\times 2\times\cos 60° = 1$,
$\vec{c}\cdot\vec{a} = 2\times 1\times\cos 60° = 1$
H は平面 ABC 上にあるから,実
数 s, t により

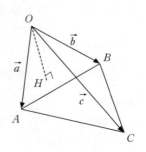

244

演習問題　解答

$$\vec{CH} = s\vec{CA} + t\vec{CB}$$

と書けるから，$\vec{OH}$ は

$$\begin{aligned}\vec{OH} &= \vec{OC} + s\vec{CA} + t\vec{CB} \\ &= \vec{OC} + s(\vec{OA} - \vec{OC}) + t(\vec{OB} - \vec{OC}) \\ &= s\vec{a} + t\vec{b} + (1-s-t)\vec{c}\end{aligned}$$

$\vec{OH}$ が平面 ABC に垂直であることは，2つのベクトル $\vec{CA}$ と $\vec{CB}$ に垂直であることで十分だから，$\vec{OH}\cdot\vec{CA} = 0$ かつ $\vec{OH}\cdot\vec{CB} = 0$ より

$$\begin{aligned}\vec{OH}\cdot\vec{CA} &= \{s\vec{a} + t\vec{b} + (1-s-t)\vec{c}\}\cdot(\vec{a}-\vec{c}) \\ &= \cdots 展開して内積の計算を行うと\cdots \\ &= 3s + 2t - 3 = 0 \\ \vec{OH}\cdot\vec{CB} &= \{s\vec{a} + t\vec{b} + (1-s-t)\vec{c}\}\cdot(\vec{b}-\vec{c}) \\ &= \cdots 展開して内積の計算を行うと\cdots \\ &= 2s + 3t - 3 = 0\end{aligned}$$

この連立方程式を解いて $s = \dfrac{3}{5},\ t = \dfrac{3}{5}$

よって　$\vec{OH} = \dfrac{3}{5}\vec{a} + \dfrac{3}{5}\vec{b} - \dfrac{1}{5}\vec{c}$

(2) $\vec{OH} = \dfrac{1}{5}(3\vec{a} + 3\vec{b} - \vec{c})$　より

$$\begin{aligned}|\vec{OH}|^2 &= \dfrac{1}{25}|3\vec{a} + 3\vec{b} - \vec{c}|^2 \\ &= \dfrac{1}{25}(9|\vec{a}|^2 + 9|\vec{b}|^2 + |\vec{c}|^2 + 18\vec{a}\cdot\vec{b} - 6\vec{b}\cdot\vec{c} - 6\vec{c}\cdot\vec{a}) \\ &= \dfrac{1}{25}(9 + 9 + 4 - 6 - 6) = \dfrac{10}{25}\end{aligned}$$

よって　$|\vec{OH}| = \dfrac{\sqrt{10}}{5}$

[注] 四面体 $OABC$ の体積も求めてみるとよい。

また，△ABC の面積も，

$S = \dfrac{1}{2}\sqrt{|\overrightarrow{CA}|^2|\overrightarrow{CB}|^2 - (\overrightarrow{CA} \cdot \overrightarrow{CB})^2}$ を計算することによって求めてみよう。

3． 座標空間に 3 点 A, B, C があり，$A(1, 0, 0)$，$B(0, 1, 0)$ で，点 C は z 座標が正で $OC = 2$，$\angle AOC = \angle BOC = 60°$ を満たす。このとき，次のものを求めよ。
(1) 点 C の座標
(2) 原点 O から平面 ABC に下ろした垂線の足 H の座標
(3) △ABC の面積

[解答]

(1) $C(x, y, z)$ とおく。
$\overrightarrow{OA} \cdot \overrightarrow{OC} = x$，また $\overrightarrow{OA} \cdot \overrightarrow{OC}$
$= 1 \times 2 \times \cos 60° = 1$ より $x = 1$
$\overrightarrow{OB} \cdot \overrightarrow{OC} = y$，また $\overrightarrow{OB} \cdot \overrightarrow{OC}$
$= 1 \times 2 \times \cos 60° = 1$ より $y = 1$
$OC = 2$ より，$1^2 + 1^2 + z^2 = 2^2$ で，
$z > 0$ だから $z = \sqrt{2}$
よって $C(1, 1, \sqrt{2})$

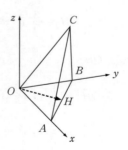

(2) 平面 ABC の法線ベクトル $\vec{n}$ を $\overrightarrow{AB} = (-1, 1, 0)$ と $\overrightarrow{AC} = (0, 1, \sqrt{2})$ の両方に垂直なことから求めると，
  $\vec{n} = (\sqrt{2}, \sqrt{2}, -1)$
よって，平面 ABC の方程式 $\sqrt{2}x + \sqrt{2}y - z - \sqrt{2} = 0$ を得る。
$\overrightarrow{OH} = k\vec{n} = (\sqrt{2}k, \sqrt{2}k, -k)$ とおけ，H は平面 ABC 上の

点だから

$$2k+2k+k-\sqrt{2}=0 \quad \text{より} \quad k=\frac{\sqrt{2}}{5}$$

よって $H\left(\dfrac{2}{5},\ \dfrac{2}{5},\ -\dfrac{\sqrt{2}}{5}\right)$

(3) $|\overrightarrow{OH}|=\dfrac{1}{5}\sqrt{4+4+2}=\dfrac{\sqrt{10}}{5}$

四面体 $OABC$ の体積を V, $\triangle ABC$ の面積を S とすると,

$$V=\frac{1}{3}\times\frac{\sqrt{10}}{5}\times S$$

また $V=\dfrac{1}{3}\times\left(\dfrac{1}{2}\times 1\times 1\right)\times\sqrt{2}=\dfrac{\sqrt{2}}{6}$

これらから $S=\dfrac{\sqrt{5}}{2}$

---

4. 空間において,点 $A(3,\ 0,\ 6)$ と球 $(x-3)^2+(y-4)^2+(z-4)^2=4$ が与えられている。点 A からこの球面に任意の接線を引き,それが xy 平面と交わる点 P はある曲線上にある。その方程式を求めよ。

[解答]
球の中心を C とすると,$C(3,\ 4,\ 4)$ で,半径は 2 である。$P(X,\ Y,\ 0)$ とおくと,$\overrightarrow{AC}=(0,\ 4,\ -2)$,$\overrightarrow{AP}=(X-3,\ Y,\ -6)$

$$\therefore \overrightarrow{AC}\cdot\overrightarrow{AP}=4Y+12 \quad \cdots\cdots\text{①}$$

次に,AP と球面の接点を Q とすると,
$\overrightarrow{AQ}\perp\overrightarrow{CQ}$,$|\overrightarrow{CQ}|=2$,
$|\overrightarrow{AC}|=\sqrt{20}$ だから

$|\overrightarrow{AQ}| = \sqrt{20-2^2} = 4$

$\overrightarrow{AP} \cdot \overrightarrow{AC} = |\overrightarrow{AP}||\overrightarrow{AC}|\cos\theta$
$= |\overrightarrow{AP}||\overrightarrow{AQ}|$ だから

$\overrightarrow{AP} \cdot \overrightarrow{AC} = 4\sqrt{(X-3)^2 + Y^2 + 6^2}$
 ………②

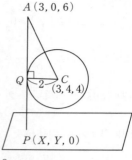

①, ②より

$Y + 3 = \sqrt{(X-3)^2 + Y^2 + 36}$

平方して整理すると,

$6Y = (X-3)^2 + 27$

流通座標に直して, $y = \dfrac{1}{6}(x-3)^2 + \dfrac{9}{2}$ (放物線)

---

5. 点 $A(1, -2, -1)$ と点 $P(0, 0, k)$ を結ぶ直線が球 $x^2 + y^2 + z^2 = 1$ に接するように k の値を定めよ。

[解答]

接点を H とすると, $\overrightarrow{AO} = (-1, 2, 1)$ より,

$|\overrightarrow{AO}| = \sqrt{6}$ で
$|\overrightarrow{AH}| = \sqrt{6 - 1^2}$
$= \sqrt{5}$

$\overrightarrow{AP} = (-1, 2, k+1)$ より,

$\overrightarrow{AO} \cdot \overrightarrow{AP} = k + 6$ ………①

また,

$\overrightarrow{AO} \cdot \overrightarrow{AP}$
$= |\overrightarrow{AO}||\overrightarrow{AP}|\cos\theta = |\overrightarrow{AH}||\overrightarrow{AP}|$ だから,

$\overrightarrow{AO} \cdot \overrightarrow{AP} = \sqrt{5}\sqrt{5 + (k+1)^2}$ ………②

①=②の両辺を平方して, $(k+6)^2 = 5\{5 + (k+1)^2\}$

整理して, $2k^2 - k - 3 = 0$ ∴ $k = -1, \dfrac{3}{2}$

別解)　"接する ⇔ 判別式＝0"による解答

直線 AP の方程式は,

$(x, y, z) = (1, -2, -1) + t(-1, 2, k+1)$ より

$\quad x = 1-t,\ y = 2t-2,\ z = t(k+1)-1$

直線と球との共有点は, これらを $x^2 + y^2 + z^2 = 1$ に代入して

$\quad (1-t)^2 + (2t-2)^2 + \{t(k+1)-1\}^2 = 1$

$\quad \therefore\ (k^2 + 2k + 6)t^2 - 2(k+6)t + 5 = 0$

この t の2次方程式が重解をもつとき, 共有点が1つ (接する) となるから

$\quad \dfrac{D}{4} = (k+6)^2 - 5(k^2 + 2k + 6) = 0$

これを整理して, $2k^2 - k - 3 = 0$ $\quad \therefore k = -1,\ \dfrac{3}{2}$

あとがき

　前著『数学ロングトレイル「大学への数学」に挑戦　じっくり着実に理解を深める』を書き上げ，あとがきに"つむぎ残した事柄を書きたいと，もう思っている"と記したところ，編集部から「続編を書いてみないか」と誘いがあり，間を置かず一気に書き上げたのが本書である。

　書き足りないことは多々あったが，まずは「ベクトル」から行こうとすぐ決めた。前著でも「ベクトル」は顔を出してはいたが，横顔のみだったから，今度は真正面から取り上げてみようというわけであった。完成までにさして時間はかからなかったが，残り糸をかき集め，そそくさと織り上げたというものではない。なりは小さいが，むしろ新しい糸を使って，新しい意匠のもとに仕上げた一編の織物である。「ベクトル」を主題にいつかはこう語ってみたいという思いがあって，それが一気に吹き上がってきて出来上がったのである。

　雑誌に掲載された数本の原稿をもとに書いたが，分かりやすいことを旨としてかなりの章を新たに書き下ろして，読者が「ベクトル」について全体的展望が得られるような形にまとめてみた。したがって，特に若い読者の日ごろの学習の助けとなり，大学受験にも役立つものになっていると信じている。

　今回も，初校ゲラを木村康人さん（開智学園）に目を通してもらい，いくつかの不適切な部分を直すことができ，より良いものにできたことを，この場を借りて感謝申し上げる次第である。

著者

イラスト/小島直子

さくいん

〈欧文・数字〉

$O-xy$標準座標系	137
1次結合	136

〈あ行〉

位置ベクトル	15
円錐曲線	189
円の接線の方程式	119
円のベクトル方程式	117

〈か行〉

外積	199
外分	19
角の2等分線	37
加重重心	71
ガリレオ	71
ギブス	44, 200
基本ベクトル	137
球面のベクトル方程式	186
行	163
行列	162
行列式	162, 163, 194, 210
行列式の展開	206
クラメルの公式	166, 204
ケーリー	210
結合法則	10
交換法則	10
コーシー	210
コーシーの不等式	79

〈さ行〉

サラスの方法	194
三角形の重心	61
三角形の面積	109
四元数	200
質量中心	71
四面体の重心	76
斜交座標系	137
垂心	56
垂直条件	53, 161
正規化	32
正規直交座標系	137
正射影	48
正射影ベクトル	48
接平面の方程式	187
線形計画法	242
相似変換	121

〈た行〉

単位ベクトル	12
チェバ	71
チェバの定理	78, 82
調和に分ける	22
直線のベクトル方程式	105
転置行列	163
点と直線の距離	152
独立	18, 35, 171, 203
トレミーの定理	86

〈な行〉

内心	66, 77
内積	43, 45, 172
内積の成分表示	50
内分	19

〈は行〉

媒介変数	105
ハミルトン	44, 200
パラメーター	104
分配法則	10
平行四辺形の面積	52, 173
平行条件	54, 161
平行六面体	170, 191
ベクトル	8, 11
ベクトルの大きさ	12
ベクトルの実数倍	10
ベクトルの成分	9
ベクトルの平行	12
方向ベクトル	105
法線ベクトル	115, 175, 196

〈ま行〉

右ネジ	194
右ネジ系	196
メービウス	71
メネラウスの定理	42
モーメント	72

〈や行〉

有向線分	8
余因子	207
余弦定理	46

〈ら行〉

ラプラス	206
列	163
連立1次方程式	166, 203

N.D.C.376.8　253p　18cm

ブルーバックス　B-1941

数学ロングトレイル
「大学への数学」に挑戦
ベクトル編

2015年11月20日　第1刷発行

著者	山下光雄	
発行者	鈴木　哲	
発行所	株式会社講談社	
	〒112-8001 東京都文京区音羽2-12-21	
電話	出版	03-5395-3524
	販売	03-5395-4415
	業務	03-5395-3615
印刷所	(本文印刷) 慶昌堂印刷株式会社	
	(カバー表紙印刷) 信毎書籍印刷株式会社	
製本所	株式会社国宝社	

定価はカバーに表示してあります。
© 山下光雄 2015, Printed in Japan
落丁本・乱丁本は購入書店名を明記のうえ、小社業務宛にお送りください。送料小社負担にてお取替えします。なお、この本についてのお問い合わせは、ブルーバックス宛にお願いいたします。
本書のコピー、スキャン、デジタル化等の無断複製は著作権法上での例外を除き禁じられています。本書を代行業者等の第三者に依頼してスキャンやデジタル化することはたとえ個人や家庭内の利用でも著作権法違反です。
®〈日本複製権センター委託出版物〉複写を希望される場合は、日本複製権センター（電話03-3401-2382）にご連絡ください。

ISBN978-4-06-257941-4

発刊のことば

科学をあなたのポケットに

二十世紀最大の特色は、それが科学時代であるということです。科学は日に日に進歩を続け、止まるところを知りません。ひと昔前の夢物語もどんどん現実化しており、今やわれわれの生活のすべてが、科学によってゆり動かされているといっても過言ではないでしょう。

そのような背景を考えれば、学者や学生はもちろん、産業人も、セールスマンも、ジャーナリストも、家庭の主婦も、みんなが科学を知らなければ、時代の流れに逆らうことになるでしょう。

ブルーバックス発刊の意義と必然性はそこにあります。このシリーズは、読む人に科学的に物を考える習慣と、科学的に物を見る目を養っていただくことを最大の目標にしています。そのためには、単に原理や法則の解説に終始するのではなくて、政治や経済など、社会科学や人文科学にも関連させて、広い視野から問題を追究していきます。科学はむずかしいという先入観を改める表現と構成、それも類書にないブルーバックスの特色であると信じます。

一九六三年九月

野間省一